廃止措置・廃炉化学入門

佐藤修彰・亀尾　裕・佐藤宗一・熊谷友多・
佐藤智徳・山本正弘・渡邉　豊・永井崇之・
新堀雄一・渡邉雅之・青木孝行・逢坂正彦・
小山真一　著

東北大学出版会

Introduction to Dismantling and Decommissioning Chemistry

Nobuaki Sato, Yutaka Kameo, Soichi Sato, Yuta Kumagai, Tomonori Sato,
Masahiro Yamamoto, Yutaka Watanabe, Takayuki Nagai, Yuichi Niibori,
Masayuki Watanabe, Takayuki Aoki, Masahiko Osaka, Shinichi Koyama

Tohoku University Press, Sendai
ISBN978-4-86163-402-4

序　文

　東京電力ホールディングス（株）福島第一原子力発電所（1F）の原子炉過酷事故から13年が経過した。この間，オフサイトにあっては，汚染箇所の除染と放射性廃棄物の中間貯蔵施設への集約が進んでいる。一方，オンサイトにあっては，多核種除去設備（ALPS）による汚染水処理や，ガレキ等を対象とした分析センター第1棟は，2022年6月に竣工し，2023年度は，実際の廃棄物試料の分析を開始した。また，燃料デブリを対象とした第2棟の建設が進められるとともに，燃料デブリの取り出し工法の検討や，遠隔技術の開発などが行われている。その後は，炉内から微量の分析試料片を取り出し，種々の分析により組成や状態評価を行う態勢を整えているところであり，実際の内部からのデブリ本体の取り出し，評価，処理には数十年を要する。このため，次世代への人材育成，技術継承が不可欠の状況にある。

　一方，過酷事故となった1Fの廃炉については，従来の健全炉の廃炉とは全く異なる対応が必要となる。過去の事故炉の例をみても，米国スリーマイル島原発（TMI-Ⅱ）事故の場合は，溶融物が炉心内部に留まり，固化したため，炉内におけるデブリ評価，取り出し，その後の汚染物処理で対応できた。これに対し，チョルノービリ原発（CHNPP）事故の場合は，炉心が爆発して，燃料成分も含め放射性物質が大量に外部へ放出された。また炉自体をコンクリートで固めたため，30年後経年劣化により放射性物質が外部へ再び漏洩し，新たに金属性の覆い（シェルター）を設置して外部への放出を抑制しているが，廃炉への対応は未だとられていない。1Fの場合は，炉心溶融により燃料デブリを生成しその多くが圧力容器外へ移動したものの，大部分は格納容器内に留まっており，TMI-ⅡやCHNPPとは条件が異なるが，廃炉への対応が可能である。とはいっても，健全炉と異なり，圧力容器から格納容器の他，タービン建屋までほぼ全体が放射性物質で汚染しており，かつ状態や組成など素性が不明である。また，燃料デブリは燃料としての再利用も難しく，再処理後に発生す

る核燃料物質を含まない高レベル放射性廃棄物に対して，核燃料を含む高レベル廃棄物という，従来のカテゴリーにないものを対象に取り組む必要がある。さらに，汚染水を処理した凝集剤や吸着剤など新たな放射性廃棄物も発生している。これらの存在を前提に廃炉を安全かつ効率的に進めるためには，従来にない，放射性物質を含む廃棄物を評価・処理・処分するための，化学的なアプローチが不可欠である。同時に，燃料デブリ取り出しや廃棄物処理・処分にかかわる工学的知見も不可欠と言えよう。

本書では，原子力施設の廃止措置と過酷事故炉の廃炉を対象とし，現在分かっているところまでを扱っており，「入門」とした。第1部では燃料化学や分析化学，放射線化学，腐食，除染化学から，廃棄物処理・処分にわたる基礎的な分野について述べる。第2部では，種々の原子力施設の廃止措置に関わる化学を学びながら，1F廃炉にはどのような化学的アプローチが必要かつ可能か，廃炉の在り方やそれに必要な研究開発・人材育成などについて触れる。本書が，1F廃炉や廃止措置に関わる方々の参考書として，また，今後の人材育成への教科書として，福島復興に貢献できれば幸いである。1F事故から13年が経過し，本書が廃炉や廃止措置に携わる次世代への橋渡しになることを願う。最後に，本著の出版にあたりご協力いただいた，東北大学原子炉廃止措置基盤研究センター　堂崎浩二先生，津田智佳氏，稲井陽子氏，東北大学出版会　小林直之氏に謝意を表する。

令和6年1月

佐藤修彰，亀尾　裕，佐藤宗一，熊谷友多，佐藤智徳，
山本正弘，渡邉　豊，永井崇之，新堀雄一，渡邉雅之，
青木孝行，逢坂正彦，小山真一

目　次

序　文 ……………………………………………………………………… i

第1部　基礎編

第1章　核燃料サイクルと原子炉過酷事故 ……………………… 3
1.1　原子炉 ………………………………………………………… 3
1.2　核燃料サイクル ……………………………………………… 7
1.3　原子炉過酷事故と核燃料サイクル ………………………… 11

第2章　核燃料と燃料デブリ ……………………………………… 15
2.1　核燃料 ………………………………………………………… 15
2.2　燃料デブリ …………………………………………………… 18

第3章　分析化学 …………………………………………………… 23
3.1　廃炉に向けた分析とは ……………………………………… 23
3.2　^{41}Ca 分析法 ……………………………………………… 24
3.3　^{79}Se 分析法 ……………………………………………… 26
3.4　^{129}I 分析法 ………………………………………………… 29
3.5　U 及び Pu 分析法 …………………………………………… 31

第4章　放射線化学 ………………………………………………… 35
4.1　はじめに ……………………………………………………… 35
4.2　水の放射線分解 ……………………………………………… 36
4.3　水素発生 ……………………………………………………… 46
4.4　過酸化水素発生 ……………………………………………… 52

目 次

第5章 腐食の化学 …… 59
5.1 腐食とは …… 59
5.2 腐食と電気化学 …… 59
5.3 腐食の分類 …… 67
5.4 廃炉において考慮すべき材料とその腐食現象 …… 71
5.5 放射線の腐食への影響 …… 73

第6章 除染の化学 …… 77
6.1 汚染と除染 …… 77
6.2 廃止措置における除染 …… 82

第7章 放射性廃棄物と処理・処分 …… 97
7.1 放射能と廃棄物区分 …… 97
7.2 廃棄物処理（固化法）と廃棄体化 …… 101
7.3 放射性廃棄物の処分 …… 104

第2部 応用編

第8章 小規模施設の廃止 …… 115
8.1 大学等研究施設概要 …… 115
8.2 大学における施設統廃合と廃止措置 …… 118

第9章 フロントエンド施設の廃止 …… 125
9.1 製錬施設 …… 125
9.2 加工施設 …… 126
9.3 濃縮施設 …… 129
9.4 人形峠環境技術センターにおける廃止措置 …… 132

第 10 章　JPDR の廃止措置とその後　………………………… 137
10.1　JPDR の廃止措置　……………………………………………… 137
10.2　廃止措置により発生した廃棄物の管理　……………………… 142

第 11 章　Pu 使用施設の廃止措置　……………………………… 151
11.1　Pu 使用施設概要　……………………………………………… 151
11.2　廃止措置手順　…………………………………………………… 151
11.3　化学的アプローチ　……………………………………………… 154
11.4　二酸化プルトニウムの含水率及び吸湿性の確認　…………… 157
11.5　グローブボックスの汚染状況の調査　………………………… 158

第 12 章　再処理施設の廃止　……………………………………… 161
12.1　東海再処理施設の概要　………………………………………… 161
12.2　廃止措置手順　…………………………………………………… 176

第 13 章　設備機器の機能維持から見た廃炉の在り方　………… 197
13.1　はじめに　………………………………………………………… 197
13.2　事故炉廃止措置の安全性確保のために必要な活動　………… 199
13.3　事故炉廃止措置の特徴と戦略的取組みの必要性　…………… 202
13.4　事故炉廃止措置期間中におけるリスク管理の考え方　……… 205
13.5　戦略的で効果的・効率的な設備保全管理の必要性　………… 207
13.6　まとめ　…………………………………………………………… 213

第 14 章　研究開発体制と人材育成　……………………………… 217
14.1　研究教育体制の確立　…………………………………………… 217
14.2　JAEA における人材育成　……………………………………… 220
14.3　研究施設の拠点化と研究展開　………………………………… 240

目　次

著者略歴 …………………………………………………… 245

索　引 ……………………………………………………… 249

執筆分担リスト

第1部　基礎編
　　第1章　　　佐藤　修彰
　　第2章　　　佐藤　修彰
　　第3章　　　亀尾　　裕, 佐藤　宗一
　　第4章　　　熊谷　友多, 佐藤　智徳
　　第5章　　　山本　正弘, 渡邉　　豊
　　第6章　　　佐藤　修彰, 永井　崇之
　　第7章　　　新堀　雄一

第2部　応用編
　　第8章　　　佐藤　修彰
　　第9章　　　佐藤　修彰
　　第10章　　　亀尾　　裕
　　第11章　　　渡邉　雅之
　　第12章　　　永井　崇之
　　第13章　　　青木　孝行, 渡邉　　豊
　　第14章　　　佐藤　修彰, 佐藤　宗一, 逢坂　正彦
　　　　　　　　小山　真一, 渡邉　雅之

第1部
基礎編

第1章　核燃料サイクルと原子炉過酷事故 [1-8]

1.1　原子炉

原子力発電では，核燃料物質の核分裂により発生する熱エネルギーを蒸気タービン等で電力に変換し，利用している。火力発電は化石エネルギーと言われる石炭や石油の燃焼という化学反応による熱エネルギーを利用するが，原子力の場合は原子核の分裂による核エネルギーを利用することになる。前者はeVオーダーのエネルギーに対し，後者はMeVオーダーのエネルギーに相当し，エネルギーの取り出し方法や制御により注意が必要となる。核分裂反応は例えば，天然ウラン（U）に含まれる ^{235}U の原子核が (1-1) 式のように中性子を吸収して質量数が 90 付近の原子核 A（例えば ^{90}Sr など）と同 135 付近の原子核 B（例えば ^{137}Cs など）に非対象分裂することである。分裂の際，2 から 3 個の中性子と MeV オーダーの熱を放出する。^{235}U の他，^{239}Pu や ^{241}Pu，^{233}U といった奇数の質量数をもつ核種がこのような核分裂性を示し，核分裂性物質（Fissile material）と呼ばれる。天然 U 中には ^{235}U が 0.72%しか含まれず，99.28%は核分裂性を持たない ^{238}U である。一方，この ^{238}U は (1-2) のように中性子捕獲反応により ^{239}U となり，2 回の β^-壊変を経由して核分裂性物質 ^{239}Pu を生成することから，親物質（Fertile material）と呼ばれる。

$$^{235}U + n \rightarrow A + B + \eta n + Q \tag{1-1}$$

$$^{238}U + n \rightarrow {}^{239}U \xrightarrow{\beta^-} {}^{239}Np \xrightarrow{\beta^-} {}^{239}Pu \tag{1-2}$$

(1-1) 式では平均 2MeV のエネルギーをもつ高速中性子が発生する。核分裂反応を継続するためには，発生した中性子が次の核反応に利用される必要があり，中性子のエネルギーが低い（速度が遅い）ほど，次の核反応を引き起こしやすく，その程度を中性子吸収断面積 σ（barn：10^{-24}cm^2）と

して表す．このため，水素や炭素と中性子を質量数の低い原子核（減速材）と衝突させて十分に減速した中性子（熱中性子）では，共鳴吸収により断面積が高まり，核分裂反応を持続しやすくなる．また，核燃料の外部へ飛び出した中性子は特定原子核と衝突・散乱させて，燃料内部へ戻す（反射）ことにより，核分裂を効率よく持続させ（連鎖反応），連続的にエネルギーを取り出す．主な炉型と燃料および被覆材，減速材，制御材の組み合わせについて表 1.1 に示す．軽水炉である加圧水型（Pressurized Water Reactor）と沸騰水型（Boiling Water Reactor）の炉では，運転時の圧力や温度が異なるものの，同様の仕様である．新型転換炉（Advanced Thermal Reactor）では，重水を減速材に使用すると中性子経済がよくなり，天然 U の他，低濃縮 U と MOX 燃料が使用できる．材料試験炉（Japan Material Testing Reactor）ではアルミ板中にウランケイ化物を埋め込んだ燃料が使用された．これらに対し英仏で開発されたガス冷却炉（Gas Cooled Reactor および Advanced Gas-cooled Reactor）では黒鉛減速材を用い，CO_2 で冷却している．高温ガス冷却炉（High Temperature Gas-cooled Reactor）は 1000℃近くの高温排ガスを加熱源として化学プラントやガスタービン発電，地域暖房等に利用するために，He を冷却材として，核分裂後に発生する高速中性子の減速材として，B_4C や Hf や Cd が使われる．これに対し，高速中性子により ^{235}U の核分裂反応と，^{238}U の中性子捕獲による ^{239}Pu 生成を行う高速増殖炉（First Breeder Reactor）がある．

図 1.1 には BWR の燃料および原子炉の概要を示す．UO_2 粉末をペレット（10 mmϕ × 10 mmh）に成型し，He を充填したジルカロイ被覆管（11 mmϕ × 4000 mm）に封入して燃料棒とする．この燃料棒をジルカロイ製チャンネルボックスに 8 × 8 列他に配置する．チャンネルボックス内には中性子束や温度を測定する計測管もある．4 個のチャンネルボックスの中央に十字形の制御棒がある．BWR の場合，SUS 製の制御棒内に B_4C 粒が充填してあり，燃料棒とともに炉心を構成する．圧力容器は，厚さ 100 mm の炭素鋼製で，運転時の高温高圧（320℃，70 atm）に耐えられる．炉心は圧力容器内にコンクリート製ブロックで固定されている．ま

表 1.1　原子炉型と燃料および被覆材，減速材，制御材

	燃料	濃縮度	被覆材	減速材	冷却材	制御材
PWR	UO_2	4.1% ^{235}U	Zircaloy-4	H_2O	H_2O	Hf/Ag-In-Cd
BWR	UO_2	3.8% ^{235}U	Zircaloy-2	H_2O	H_2O	B_4C
ATR	UO_2-PuO_2	1.5% ^{235}U 0.5% Pu	Zircaloy-2	D_2O	H_2O	ステンレス B_4C
JMTR	U_3Si_2 or U_3Si	20% ^{235}U	Al 板	H_2O	H_2O	Hf
GCR	U 合金	天然 U	Magnox	Graphite	CO_2	B
AGR	UO_2	25% ^{235}U	Stainless	Graphite	CO_2	B
HTGR	UC_2/ThC_2/U	20% ^{235}U	Graphite	Graphite	He	B_4C
FBR	UO_2-PuO_2	劣化 U 16-21% Pu	Stainless	なし	Na	B_4C

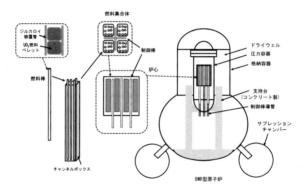

図 1.1　燃料と燃料棒，炉心，原子炉の概要

た，BWRでは，炉心上部に気水分離器や主蒸気管があるので，制御棒は炉心下部より，上昇・装填される。このため，圧力容器下部には，直径30 cmの制御棒導管が溶接されており，後述するように溶融炉心が，圧力容器からドライウェルへ落下する要因にもあげられる。圧力容器は瓢箪状の窒素充填されたドライウェル（D/W）に格納されている。ドライウェル下部には，蒸気を凝縮させて回収・循環するサプレッションチャンバーがある。BWRのような軽水炉では，熱中性子による核分裂反応を利用するため，炉内における熱中性子を効率的に利用する（中性子経済）必要が

表1.2 主な元素の熱中性子吸収断面積と用途 [9]

元素	σ (barn)	用途	元素	σ (barn)	用途
B	3837	制御材	Nb	1.15	被覆管
Fe	2.56	構造材	Ta	22	制御材
Zr	0.182	被覆管	Gd	49,000	中性子毒
Hf	103	制御材	U	7.6	燃料

表1.3 元素の天然同位体組成と熱中性子吸収断面積 [9]

元素	同位体	存在比（%）	半減期	σ (barn)
ホウ素	^{10}B	19.9	SI*	4017
	^{11}B	80.1	SI	
ガドリニウム	^{152}Gd	0.2	1.08×10^{14} y	
	^{154}Gd	2.18	SI	
	^{155}Gd	14.8	SI	
	^{156}Gd	20.47	SI	
	^{157}Gd	15.65	SI	254,000
	^{158}Gd	24.84	SI	
	^{160}Gd	21.86	$> 1.8 \times 10^{21}$ y	

＊SI：安定同位体

あり，熱中性子吸収性能が重要となる．表1.2には原子炉で使用される元素について，熱中性子吸収断面積を示す．まず，燃料まわりには核分裂反応を抑制しないように断面積の小さい材料が用いられ，一方，大きい断面積を持つホウ素（B）は制御材となる．被覆管にはジルコニウム（Zr）合金が用いられるが，天然のZrには1%程度の熱吸収断面積が大きいHfが随伴しており，このまままでの組成では，熱中性子の燃料への吸収（中性子経済）に影響する．そこで，塩化物揮発法や溶媒抽出法によりHf量を100ppm以下に低減した原子炉級Zrが使用される．ニオブ（Nb）の場合も同様であり，被覆管にZr-1%Nb合金が使用される一方で，Nbの同族元素のタンタル（Ta）は制御材となる．また，ガドリニウム（Gd）を中性子可燃毒としてUO_2に10%程度Gdを添加した燃料もある．この場合，燃焼初期にはGdにより熱中性子量を低減させて核分裂を抑制し，燃

焼とともに Gd 量が減少し，燃焼後期には本来の発熱量を確保して，燃焼全体にわたって発熱量を平坦化させている。

さらに，一部元素の天然同位体組成と熱中性子吸収断面積（σ）を表 1.3 に示す。天然 B には大きい σ を持つ ^{10}B の存在比は 20％ と低く，軽水炉ではこのまま B_4C として使用されているが，フル MOX 燃料炉では ^{10}B を 50％ に高めた濃縮 B が使用される。

1.2 核燃料サイクル

次に，原子炉のタイプと核燃料の利用については大きく 2 つあり，図 1.2 に示す。(a) のワンススルー方式は，燃料を原子炉で燃焼後，使用済燃料をそのまま処理・処分する方式で，カナダの CANDU 炉の方式がある。この場合，天然ウランを燃料として，重水減速，軽水冷却のシステムで発電する。使用済燃料はそのまま直接処分となる。U 資源が豊富な場合に可能で，また，廃棄物量が多くなる。これに対し，低濃縮ウラン燃料（^{235}U：3-5％）を用い，軽水で減速・冷却を行う場合には，炉内にて ^{239}Pu など新たな核燃料が創成され，一部は発電にも寄与している。実際 3 年程度燃焼した燃料は，1％程度 Pu を含有しており，未使用の濃縮 U と合わせて分離回収し，再度燃料加工して原子炉で使用するもので，燃料リサイクル方式である。ここでは，この中間として，軽水炉の使用済み燃料を CANDU 炉用燃料に加工して再利用するもので，例えば韓国では，軽水炉（PWR）に CANDU 1 基を対応させる DUPIC (Direct Use of spent PWR Fuel In CANDU) 方式が実施された。日本では，U 燃料をリサイクルし，MOX 燃料として利用する方式が採用されている。最近では，電気出力 30 万 kw 以下の SMR (Small Modular Reactor) が開発されてきており，燃料を可能な限り燃焼させた後，廃棄物とするワンスルー方式を採用している。

次に，我が国の核燃料サイクルについて述べる。図 1.3 には核燃料サイクルの概要を示す。鉱山からの鉱石は，まず硫酸浸出等の製錬により U_3O_8 等ウラン酸化物とする。これをフッ化物 UF_6 に転換し，濃縮して低濃縮 UF_6 を得る。再転換により濃縮ウラン酸化物とし，これを UO_2 燃料

第1部　基礎編

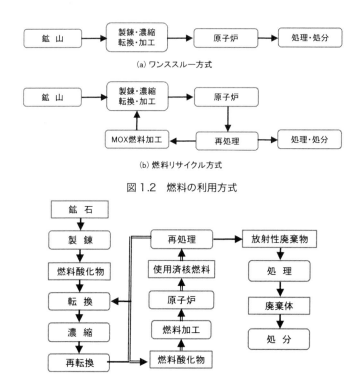

図1.2　燃料の利用方式

図1.3　核燃料サイクルの概要

ペレットに加工する。原子炉で燃焼後，使用済み燃料を取り出し，硝酸を用いる湿式法などにより再処理して，ウラン，プルトニウムの燃料成分を放射性廃棄物と分離し，回収する。回収した成分は濃縮度やPu富化度を調整後，MOX燃料に加工し，原子炉にて再利用する。鉱石から原子炉までをフロントエンド，使用済み燃料からをバックエンドと呼ぶ。特に，再処理後の転換，濃縮を経る燃料再利用（MOX燃料等）の工程はフロントエンドにおけるバックエンドとなる。我が国では商業炉の核燃料は，輸入した濃縮Uを国内で転換して利用している。資源から濃縮までの工程は研究開発に留まる。また，青森県六ケ所村には日本原燃の商業用濃縮プラン

ト，再処理プラントがあるが課題を抱えている．

1.2.1 フロントエンド化学

ここでは，鉱山から燃料製造までのフロントエンド工程における化学について述べる．図 1.4 にはフロントエンドのフローを示す．鉱山から採掘する鉱石のウラン品位は 0.1〜1% 程度である．鉱山のある山元にて選鉱後，硫酸浸出等による粗製錬により精鉱を得る．鉱石中の U が UO_3 のような U(VI) の場合にはそのままウラニルイオンとなって溶出する．一方，UO_2 のような U(IV) の場合には空気や Fe^{3+} のような酸化剤を添加し，ウラニルイオン（UO_2^{2+}）として酸化溶出させる．

$$UO_3 + H_2SO_4 \rightarrow UO_2^{2+} + SO_4^{2-} + H_2O \tag{1-3}$$

$$UO_2 + 2Fe^{3+} \rightarrow UO_2^{2+} + 2Fe^{2+} \tag{1-4}$$

次に，浸出液中のウランを溶媒抽出やイオン交換により分離し，ウラン含有溶液を得る．これにアンモニア溶液を経て，重ウラン酸アンモニウム（ADU）を得る．

$$2UO_2^{2+} + 6NH_3 + 3H_2O \rightarrow (NH_4)_2U_2O_7 + 4NH_4^+ \tag{1-5}$$

転換工程では，フッ化物（UF_6）とし，このガスを遠心分離機に投入して低濃縮 UF_6 を得る．濃縮後の UF_6 は再転換により UO_3 とし，さらに，高温水素還元により UO_2 を得て，燃料ペレットとする．

$$UO_2 + 4HF \rightarrow UF_4 + 2H_2O \tag{1-6}$$

$$UF_4 + F_2 \rightarrow UF_6 \tag{1-7}$$

$$UF_6 + 3H_2O \rightarrow UO_3 + 6HF \tag{1-8}$$

$$UO_3 + H_2 \rightarrow UO_2 + H_2O \tag{1-9}$$

第1部　基礎編

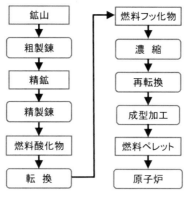

図 1.4　フロントエンドのフロー

1.2.2　バックエンド化学

　上述のフロントエンドの後にはバックエンドがある。図 1.5 にはバックエンドのフローを示す。原子炉で燃焼した使用済核燃料はある程度の期間中間貯蔵して，短半減期核種を減衰させ，放射能レベルを下げる。その後，再処理工程へ送る。ここでは，代表的な湿式プロセスである Purex 法を紹介する。まず，チャンネルボックス自体は端栓部（エンドピース）を切断し，燃料棒を取り出す。続いて使用済核燃料棒を数 cm 長に剪断し，燃料ペレットを硝酸に溶解する。この際，ジルカロイ管は溶解せず，上記エンドピースと合わせて核燃料等で汚染された廃棄物（Hull, Endpiece）となる。

　溶解後は第 1 段目の TBP-硝酸系の溶媒抽出により U, Pu を共抽出後，第 2 段目の TBP-硝酸系の溶媒抽出により Pu と U を分離・回収する。一方，FP や MA を含む残液は高レベル放射性廃棄物としてガラス固化処理を経て，地層処分となる。回収 U は濃縮が低いものは，再度濃縮工程にて濃縮して，回収 Pu と混合し，MOX 燃料として，原子炉で燃焼する。

第1章　核燃料サイクルと原子炉過酷事故

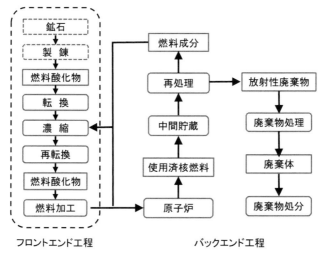

図 1.5　バックエンドとフロントエンド

1.3　原子炉過酷事故と核燃料サイクル

　1.2.2では健全炉の場合のバックエンドフローを検討した。1Fの場合には事故炉のバックエンドを考える必要がある。1Fの場合，震災直後に冷温停止したものの，その後の津波により全電源喪失（SBO：Station Black Out）状態となり，冷却水の減少，喪失により炉心溶融に至った。炉内温度は2000～2200℃まで上昇したと推定されている。この温度は，ステンレス鋼やジルカロイの融点は超えているものの，UO_2の融点（2850℃）までは至らず，炉心溶融（Core melt）状態とはいうものの，燃料は溶融せず，構造材等が溶融し，下部へ落下したものと考えられる。その結果，炉内には燃料成分を含む種々の燃料デブリが発生する。まず，炉心にて燃料酸化物が溶融金属等と反応して，酸化物および合金デブリを生成し，さらには，下部の制御棒導管を経て，格納容器下部へ落下し，コンクリートと反応したMCCIデブリを生成したものと考えられる。燃料デブリについては第2章にて簡単に紹介する。詳細については既刊「燃料デブリ化学の現

第 1 部　基礎編

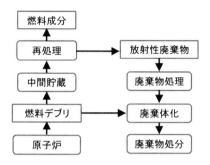

図 1.6　事故炉の場合のバックエンドフロー

在地」[10] にて事故時の燃料の挙動や炉内での高温反応，分析評価などを説明しているので参照されたい。

　図 1.6 には燃料デブリが関わる事故炉の場合のバックエンドフローを示す。原子炉内の燃料デブリは取り出し後，中間貯蔵し，再処理により燃料成分を分離して，放射性廃棄物を回収する。その後，処理・処分を行う。あるいは，デブリをそのまま容器に入れて廃棄体化し，直接処分とする方法が考えられる。燃料デブリ中の核燃料物質の濃度や形状，組成により燃料への再利用が難しい場合には，再処理せずにそのまま放射性廃棄物として処理・処分する方法もある。

[参考文献]
[1] L. R. Morss, N. M. Edelstein, J. Fuger eds, "The Chemistry of the Actinide and Transactinide Elements", 4th edition, Vol.1, Springer, (2011) 78.
[2] M. Benedict, T. H. Pigford, H.W. Levi 著（清瀬量平訳），「核燃料・材料の化学工学」，「原子力化学工学」第 II 分冊，　日刊工業新聞社，(1984)
[3] 菅野昌義，「原子炉燃料」，東京大学出版会，(1976)
[4] 内藤奎爾，「原子炉化学」(下)，東京大学出版会，(1978)
[5] 中井敏夫，斎藤信房，石森富太郎編，「放射性元素」，「無機化学全書」(柴田雄次，木村健二郎編)，XVII-3，丸善株式会社，(1974)
[6] 工藤和彦，田中　知編，「原子力・量子・核融合事典」第 III 分冊，丸善出版，(2017)
[7] 佐藤修彰，桐島　陽，渡邉雅之，「ウランの化学（I）－基礎と応用－」，東北大学出版会，(2020)

[8] 朽山　修,「放射性廃棄物処分の原則と基礎」, 原子力環境整備促進・資金管理センター, (2016)
[9] NuDat.2.0, JAEA, (2023)
[10] 佐藤修彰, 桐島　陽, 佐々木隆之, 高野公秀, 熊谷友多, 佐藤宗一, 田中康介,「燃料デブリ化学の現在地」, 東北大学出版会, (2023)

第 2 章　核燃料と燃料デブリ

2.1　核燃料 [1]
2.1.1　酸化物核燃料

　軽水炉で使用する核燃料は UO_2 燃料である。燃焼中の中性子経済を安定させるためにバーナブルポイズンとしてガドリニウムを添加した $(U, Gd)O_2$ 燃料もある。燃料体の製法には圧縮成形法（焼結ペレット）法がある。原料 UO_2 粉末の性質は焼結性や高温安定性，FP ガス保持性，熱伝導度などから高密度がよい。焼結後のペレット密度を UO_2 の理論密度 $10.97\,\mathrm{g/cm^3}$ に対する割合を％で表し，95％以上が望ましい（TD ≧ 95）。表 2.1 には UO_2 燃料を PuO_2 や ThO_2 と比較して示した。核的性質では，中性子により核分裂するものと中性子を吸収して新たな核分裂性核種に変換するものに分かれる。天然 U は 0.72％の核分裂性 ^{235}U と，残りを非核分裂性 ^{238}U が占める混合物であり，発電用には ^{235}U を 3-5％に濃縮して使用している。原子炉内で非核分裂性 ^{238}U が中性子を吸収すると，^{239}Np を経由して核分裂性の ^{239}Pu を生成し，炉内で燃料として燃焼する。さらに質量数の高い同位体も生成され，核分裂性の ^{239}Pu や非核分裂性の ^{240}Pu，^{242}Pu が共存する。天然 Th は非核分裂性 ^{232}Th のみであり，非核分裂性であるが，^{238}U と同様に，^{232}Th の中性子吸収により，^{233}Pa を経由して核分裂性 ^{233}U を生成する。物理的性質では，いずれの二酸化物も面心立方構造をとり，全率固溶するので，混合酸化物（Mixed Oxide：MOX）燃料として使用される。融点は ThO_2 が最も高く，UO_2，PuO_2 の順に低下するが，高温まで安定な燃料である。化学的性質では，UO_2 や PuO_2 が硝酸に溶解するが，ThO_2 ではフッ酸を必要とする。UO_2 が容易に酸化され易いのに比べ，PuO_2 や ThO_2 は高酸化状態を取りにくく安定である。

　軽水炉では UO_2 をペレット状に成型した燃料が使用される。UO_2 原料粒子をボールミル等で粉砕後，有機結合剤を添加，圧縮成形する。その後，800～1000℃ にて一次焼結を，真空あるいは H_2 中，1500～1700℃ にて二次焼結を行い，95％ TD の UO_2 ペレットを得る。焼結後，グライン

第 1 部　基礎編

表 2.1　酸化物燃料の性質

		UO_2	PuO_2	ThO_2
核的性質	非核分裂性	^{238}U	$^{240}Pu, ^{242}Pu$	^{232}Th
	核分裂性	^{235}U	$^{239}Pu, ^{241}Pu$	^{233}U
物理的性質	結晶構造	面心立方		
	融点（℃）	2850	2350	3390
化学的性質	溶解性	硝酸溶解	硝酸溶解	硝酸＋フッ酸溶解
	反応性	酸化容易	安定	安定

ダー等でチャンファやディッシング等研磨・加工し，検査して製品ペレットとする。このペレットをジルカロイ被覆管へ充填し，He 充填後端栓溶接して，燃料棒とする。所定本数の燃料棒をチャンネルボックス内にまとめ，炉心に装荷する。チャンネルボックス間に制御棒を配置し，制御棒を炉心から抜きながら核分裂反応を制御する。燃料棒は炉内の中性子の状態より，適宜配置を変えて炉内出力が均一になるように燃焼を調整する。所定の燃焼度に達するとチャンネルボックスごと燃料集合体を抜き出して交換し，使用済燃料プールに保管する。東京電力ホールディングス（株）の 1F 事故炉は沸騰水型軽水炉（BWR）4 基である。円柱状の UO_2 ペレット（$10\,\mathrm{mm}\Phi \times 10\,\mathrm{mm}$）を長さ約 4 m のジルカロイに封入した燃料棒の集合体が 1 号機で 400 体，2-3 号機で 548 体あり，それぞれの U 量は 69 t，94 t である。4 体の燃料集合体の中心部に十字形の制御棒が配置され，その中には B_4C 粒子が詰められている。制御棒の本数は燃料集合体の約 1/4 となり，1 号機で 97 体，2-4 号機で 137 体である。核燃料の製造等については，既刊「ウランの化学（I）−基礎と応用−」，12.5 節を参照されたい [1]。

2.1.2　使用済核燃料

　使用済核燃料中のペレットは高温による収縮や割れ，FP ガスによるボイドがみられる。ペレット中の燃料成分（U, Pu）および FP，MA 元素の状態について，表 2.2 に示す。使用済燃料は，UO_2 固溶体相，酸化物相，

表 2.2　使用済核燃料中の相関係と含有成分 [1]

UO$_2$ 固溶体相	酸化物相	金属相
Sr, Ba	Rb, Cs	Mo
La, Ce 等	Ba,	Tc
Zr 等	Zr, Nb, Mo	Pd
Pu, Np, Am, Cm	Tc	Ru

金属相からなる。使用済燃料の 1％は PuO$_2$ であり，UO$_2$ と全率固溶体を生成する。固体中の原子の価数が ＋4，＋3，＋2 価の順に結晶半径は大きくなり，それに伴って，固溶量は減少する。次に，収率の高い FP 元素として ＋3 価をとる希土類元素がある。これらは結晶半径が U^{4+} と比較的近く，30〜70mol％の高い固溶度を示し，UO$_2$ 相に固溶している。遷移金属元素である Zr や Nb，Mo の酸化物の固溶度は低く，固溶限は温度や雰囲気により変化し，固溶限を超えた分は酸化物別相となる。アルカリ土類元素についても同様である。一方，金属相には白金族元素を含む Mo 合金があり，Te 等も含まれる。Np や Am，Cm といったマイナーアクチノイド（MA）は，結晶半径が U^{4+} と近く，UO$_2$ 相に固溶していると考えられる。さらに，ペレット周辺領域には UO$_2$ 相に固溶しない金属酸化物が濃集する領域があり，特に Pu が濃集した RIM 効果を示す。

表 2.3 には 1F-1 号機について事故前の燃料中の主な核種の重量と放射能量を示す。なお，使用済燃料中の ^{238}U および ^{235}U の重量はそれぞれ，0.946，0.016g/gfuel であり，^{238}U および ^{235}U の放射能量は，^{239}Pu の 1/10^3，1/10^5 程度である。燃料成分である Pu は質量数が 238-241 までの核種の重量が多い。これらを合わせると，0.007g/fuel となり，使用済核燃料中に 1％程度に含まれることになる。続いて，MA 元素では，^{239}Np や ^{241}Am，^{244}Cm が挙げられるが，半減期の短い ^{239}Np が高い放射能量を示す。FP 元素では処分対象である 1000 年を想定し，放射能毒性が高いものを挙げている。すなわち，アルカリ金属（^{137}Cs），アルカリ土類（^{90}Sr），遷移金属（^{60}Co，^{107}Ru），希土類（^{144}Ce，^{154}Eu 等）がある。短半減期核種は減衰し，また，長半減期核種の放射能の寄与は小さい。

表2.3 事故時の1F-1号機核燃料中の主な核種の重量と放射能量 [2]

分類	核種	半減期 (y)	核種重量 (g/gfuel)	放射能量* (Bq/g [fuel])
燃料成分	^{238}Pu	87.7	7.30×10^{-5}	4.63×10^{7}
	^{239}Pu	2.41×10^{4}	3.05×10^{-3}	7.01×10^{6}
	^{240}Pu	6561	1.05×10^{-3}	8.87×10^{6}
	^{241}Pu	14.29	5.86×10^{-4}	2.23×10^{9}
MA	^{239}Np	2.356 (d)	2.95×10^{-5}	2.50×10^{11}
	^{241}Am	432.6	4.42×10^{-5}	5.62×10^{6}
	^{244}Cm	18.11	9.04×10^{-6}	2.71×10^{7}
FP	^{137}Cs	30.08	6.30×10^{-4}	2.02×10^{9}
	^{90}Sr	28.79	2.30×10^{-4}	1.50×10^{9}
	^{106}Ru	1.018	4.31×10^{-5}	5.25×10^{9}
	^{125}Sb	2.75856	2.83×10^{-5}	1.09×10^{8}
	^{144}Ce	284.91 (d)	1.13×10^{-4}	1.33×10^{10}
	^{154}Eu	8.601	8.63×10^{-6}	8.63×10^{7}
	^{147}Pm	2.6234	8.29×10^{-5}	2.84×10^{9}

＊1gあたりの放射能量は1Core＝UO_2 100tとして算出（被覆者やその他構造物と混ざり合っている場合，総重量は100t以上となっている可能性あり）

2.2 燃料デブリの化学

1Fのような原子炉過酷事故において燃料デブリは発生する［1,3］。事故の程度により燃料損傷や燃料デブリの状態は変わる。燃料棒破損事故から，LOCAまで種々の段階があり，それぞれにおいて燃料もしくは炉心の状態に影響する。損傷の規模による分類と燃料の状態をまとめると表2.4のようになる。

炉心における燃料デブリの生成については，炉心構成物質についてセラミックであるUO_2やB_4Cは高融点であるのに対し，ZrやFeの融点はこれらより低く，事故時には先に金属部分が溶融し，Fe-Zr合金相を形成する。特に，1000℃以下で最初に制御棒が溶融し，Fe-Zr-B-Cを含む融体が生成し，ここに燃料であるUO_2ペレットと被覆管の酸化によるZrO_2および反応生成物が混在している。UO_2の密度は11に近く，金属融体より重いが，UO_2-ZrO_2混合物（固溶体）となると，金属融体と同等となり，融

第 2 章　核燃料と燃料デブリ

表 2.4　事故の規模と燃料の状態

分　類	現　象	状　態
高温水蒸気反応	被覆管減肉	被覆管強度減
PCMI 破損	ピンホール	揮発性物質放出
RIA 事故	被覆管消失	燃料露出
LOCA 事故	炉心溶融	デブリ生成

表 2.5　1F 1 号機中に存在する主な放射性核種の質量,放射能量
(事故後 10 年経過) [2]

分類	核種	半減期 (y)	核種重量 (g/gfuel)	放射能量* (Bq/g [fuel])
燃料成分	^{238}Pu	87.7	7.44×10^{-5}	4.72×10^{7}
	^{239}Pu	2.41×10^{4}	3.08×10^{-3}	7.08×10^{6}
	^{240}Pu	6561	1.05×10^{-3}	8.88×10^{6}
	^{241}Pu	14.29	3.62×10^{-4}	1.38×10^{9}
MA	^{239}Np	2.356 (d)	2.94×10^{-11}	2.52×10^{5}
	^{241}Am	432.6	2.65×10^{-4}	3.37×10^{7}
	^{244}Cm	18.11	6.17×10^{-6}	1.85×10^{7}
FP	^{137}Cs	30.08	5.00×10^{-4}	1.61×10^{9}
	^{90}Sr	28.79	2.30×10^{-4}	1.18×10^{9}
	^{106}Ru	1.018	4.92×10^{-8}	5.99×10^{6}
	^{125}Sb	2.75856	2.31×10^{-7}	8.85×10^{6}
	^{144}Ce	284.91 (d)	1.56×10^{-8}	1.84×10^{6}
	^{154}Eu	8.601	3.85×10^{-6}	3.85×10^{7}
	^{147}Pm	2.6234	6.12×10^{-6}	3.37×10^{7}

*1g あたりの放射能量は 1Core = UO_2 100t として算出(被覆者やその他構造物と混ざり合っている場合,総重量は 100t 以上となっている可能性あり)

体の流れとともに移動,落下したものと考えられる。
　次に,燃料デブリの放射能の評価として事故後 10 年経過後の 1F 号機の核燃料中の α および β 核種放射能量を,表 2.5 に示す。この結果をみると,^{239}Pu の半減期が 2 万 4 千年と最も長く,殆ど減衰しない。一方半減期が 2.4 日と最も短い ^{239}Np の放射能量は最も弱いことが分かる。表 2.3 で示したように使用済み燃料中の 1% を占める Pu の質量が最も多い。放射能量は,^{241}Pu, ^{90}Sr の β 核種が強く,次いで ^{238}Pu, ^{239}Pu, ^{240}Pu, ^{241}Am,

表 2.6 事故後 10 年経過後の 1F 号機間の α および β 核種放射能量比較
(Bq/g [fuel]*) [2]

核種	半減期	線質 (エネルギー MeV)	1 号機	2 号機	3 号機
^{238}Pu	87.7y	α (5.5)	4.72×10^7	4.68×10^7	5.63×10^7
^{239}Pu	7.41×10^4y	α (5.157)	7.08×10^6	8.95×10^6	1.05×10^7
^{240}Pu	6561y	α (5.168)	8.88×10^6	1.04×10^7	1.36×10^7
^{241}Pu	14.29y	β (0.0208)	1.38×10^9	1.74×10^9	1.95×10^9
^{239}Np	2.356d	β (0.218)	2.52×10^5	2.97×10^5	2.85×10^5
^{241}Am	432.6y	α (5.638)	3.37×10^7	3.98×10^7	4.52×10^7
^{244}Cm	18.11y	α (5.902)	1.85×10^7	1.98×10^7	1.85×10^7
^{90}Sr	28.79y	β (0.546)	1.18×10^9	1.50×10^9	1.42×10^9

＊1gあたりの放射能量は 1Core = UO_2 100t として算出（被覆者やその他構造物と混ざり合っている場合，総重量は 100t 以上となっている可能性あり）

^{244}Cm の α 核種となり，最も半減期の短い ^{239}Np の放射能量は弱い。

事故後 10 年経過後の燃料デブリ中の α および β 核種放射能量を各号機間で比較して，表 2.6 に示す。1 号機に比べ，2 号機，3 号機と放射能量はわずかに増加しているものの，いずれの核種についても同程度のオーダーであることが分かる。実際の損害状況から，1 号機のデブリ取出しや保管作業について，一番厳しい放射能環境にあり，放射線影響を詳細に評価することが必要となる。

次に，処分対象である 1000 年までの放射性核種の変化について検討する。表 2.7 には 1F-1 号機中に存在する主な放射性核種の質量，放射能量の経年変化を示す。Pu 核種や Am 核種は 1000 年後でも高い放射能量であるが，^{244}Ce は 1/100 に減衰し，^{95}Zr は消滅する。^{90}Sr や ^{137}Cs は長期にわたり高い放射能量を持つが，1000 年後には十分減衰することがわかる。

酸化物デブリ中の燃料成分および FP，MA 元素の挙動については表 2.8 のようにまとめられる。すなわち，UO_2 燃料は $(Zr, U)O_{2+x}$ 固溶体の生成により安定化し，その結果，固溶体からの U の酸化溶出とそれに伴う Pu や MA，FP 元素の溶出も抑制することとなる。また，経年変化では，放射線によるデブリ表面近傍での過酸化水素等生成とそれによる高級酸化物相

第 2 章　核燃料と燃料デブリ

表 2.7　1F-1 号機中に存在する主な放射性核種の質量, 放射能量の経年変化 (Bq/g [fuel]*) [2]

核種	0 h	10 y	20 y	50 y	100 y	200 y	500 y	1000 y
^{238}Pu	4.63×10^7	4.72×10^7	4.36×10^7	3.44×10^7	2.32×10^7	1.06×10^7	3.44×10^7	2.32×10^7
^{239}Pu	4.63×10^7	4.97×10^7	4.97×10^7	4.91×10^7	4.72×10^7	4.36×10^7	3.44×10^7	2.32×10^7
^{240}Pu	4.63×10^7	4.97×10^7	4.97×10^7	4.91×10^7	4.72×10^7	4.36×10^7	3.44×10^7	2.32×10^7
^{241}Pu	2.23×10^9	2.13×10^9	2.13×10^9	1.76×10^9	1.38×10^9	8.53×10^8	2.01×10^8	1.81×10^7
^{239}Np	2.5×10^{11}	2.53×10^5	2.53×10^5	2.53×10^5	2.53×10^5	2.52×10^5	2.51×10^5	2.50×10^5
^{241}Am	5.62×10^6	9.10×10^6	9.10×10^6	2.14×10^7	3.37×10^7	5.06×10^7	6.93×10^7	6.97×10^7
^{244}Cm	2.71×10^7	2.61×10^7	2.61×10^7	2.24×10^7	1.85×10^7	1.26×10^7	3.99×10^6	5.89×10^5
^{137}Cs	2.02×10^9	1.61×10^9	1.28×10^9	6.39×10^8	2.02×10^8	2.01×10^7	2.00×10^4	1.97×10^{-1}
^{90}Sr	1.50×10^9	1.18×10^9	9.24×10^8	4.48×10^8	1.34×10^8	1.20×10^7	8.67×10^3	5.03×10^{-2}
^{95}Zr	2.12×10^{10}	4.07×10^8	7.79×10^8	5.48×10^1	1.42×10^{-7}	0	0	0

＊1 g あたりの放射能量は 1Core = UO_2 100 t として算出（被覆者やその他構造物と混ざり合っている場合, 総重量は 100 t 以上となっている可能性あり）

表 2.8　酸化物デブリ中の燃料成分および FP, MA 元素の挙動

燃料	U	・$(Zr, U)O_{2+x}$ 生成により安定化, ・固溶体からの U の酸化溶出抑制 ・経年変化による高級酸化物相の析出と溶解
	Pu	・全率固溶体 $Pu_yU_{1-y}O_{2+x}$ ($0 \leq x \leq 1$) 生成 ・UO_2 に比べ, 固溶体化による溶出抑制
FP	Sr	・$Sr_yU_{1-y}O_{2+x}$ 固溶体への固溶限界あり ・SrO として液相中に溶出 ・硫酸塩や炭酸塩として析出の可能性
MA	Np	・固溶体 $Np_yU_{1-y}O_{2+x}$ ($0 \leq x \leq 1$) 生成 ・ネプツニルイオン（NpO_2^+）の溶出挙動
	Am	・固溶体 $Am_yU_{1-y}O_{2+x}$ ($0 \leq x \leq 1$) 生成 ・U の酸化溶出時には, Am^{3+} イオン生成
	Cm	・固溶体 $Cm_yU_{1-y}O_{2+x}$ ($0 \leq x \leq 1$) 生成 ・Am と同様の溶出挙動

第 1 部　基礎編

の析出と溶解も見られる。使用済燃料中に U と全率固溶体を成す Pu は U と同様の挙動をとるものの，酸化溶出は見られず，U より溶出は抑制される。これらの核燃料物質に対し，FP である Sr の場合には一部 $Sr_yU_{1-y}O_{2+x}$ 固溶体へ固溶するものの固溶限界がある。一部は SrO として液相中に溶出後，硫酸塩や炭酸塩として析出の可能性もある。MA の一つ，Np の場合は，固溶体 $Np_yU_{1-y}O_{2+x}$ ($0 \leq x \leq 1$) 生成して安定化している。U と同様に酸化によりネプツニルイオン（NpO_2^+）として溶出する。一方，Am や Cm は使用済燃料中では固溶体 $M_yU_{1-y}O_{2+x}$ ($0 \leq x \leq 1$, M = Am, Cm) として安定であるが，U が酸化溶出する時には，Am^{3+} や Cm^{3+} イオンとなり，希土類元素と同様の溶出挙動を示す。

［参考文献］
[1] 佐藤修彰, 桐島　陽, 渡邉雅之,「ウランの化学（I）－基礎と応用－」, 東北大学出版会,（2020）
[2] 西原健司,「福島第一原子力発電所の燃料組成評価」, JAEA-Data/Code 2012-018,（2012）
[3] 佐藤修彰, 桐島　陽, 佐々木隆之, 高野公秀, 熊谷友多, 佐藤宗一, 田中康介,「燃料デブリ化学の現在地」, 東北大学出版会,（2023）

第3章 分析化学

3.1 廃炉に向けた分析とは

　分析とは，要素や成分に分けて，それを明らかにすることであるといえる。実際に分析では，必要な要素あるいは成分に分離すること，さらに，それぞれの要素・成分についての性質や濃度などを測定することが行われる。また，現在は機器分析が発達し分析装置に試料を投入すれば，これらの分析結果が自動的に出てくるという装置も登場するようになった。しかし，この場合においても，それまでの，前処理法や測定法さらに言えば結果を得るための原理を全く知らないで分析をしてよいものではない。

　分析対象物が厳格に決定され，分析結果に大きな影響を与える可能性のあるマトリクス（主成分）がほとんど同じである分析試料においても，分析結果に異常値がないか，その分析値が本当に正しいのか？を品質管理・品質保証的な考え方などに基づいて，常にチェックする必要がある。そのためには前処理操作や分析機器についての基礎的な知識は熟知している必要がある。実際に分析者は分析する物質，対象要素・成分，およびその目的について理解するところから始めるべきで，その"目的"に応じて分析手法を"選択"あるいは"設計"する必要がある。

　分析の目的とは工業分野では，例えば生産された製品が必要となるスペックを満足しているか？また，その製品を作るときのプラントの状況は正常であるか？という観点で行われる。また環境などの分析においては，生活を脅かすような濃度の物質が存在していないのか？などである。放射性物質の取扱い施設などの廃止措置を進めるにあたっての分析の目的は，放射性廃棄物の放射能濃度の把握，安全性の評価や工事の方法の策定のための事前評価のため，あるいは，トラブルへの対応（対策）等が考えられる。また，分析対象の放射性物質の濃度範囲がおよそ数 mBq 〜数 MBq と約9桁もの差があるため，試料相互の汚染（コンタミ）には十分注意する必要がある。

　分析を実施するにあたっては，これまで分析を依頼されて実施してきた

経験から依頼者と分析者の間での分析についての考え方のギャップが大きいことが多くあったため，事前によくコミュニケーションをとってから分析を開始する必要がある。特に，既述したように，分析機器の高度化に伴い，依頼者側から「分析はただ試料をサンプリングして，装置にかければ結果が出る。なぜ，そんなに時間がかかるのか？」と言われることがある。これは極端な例であるとは言うものの，分析を実施する前に，分析の目的，目的を達成するための精度，感度等を明確にして，そのための時間（納期）などを事前に依頼側に伝えておくことが重要と考えられている。

このように，分析を実施する場合には，依頼されて分析を行う場合，あるいは自ら分析を行う場合のいずれにおいても，分析の目的を明確にして，分析方法の原理を理解してから開始することが重要である。特に，放射性廃棄物の分析については，非常に分析が難しい核種の濃度を把握する必要があるため，以下に述べるような分析方法についてよく理解する必要がある。

3.2 ^{41}Ca 分析法

^{41}Caはコンクリート中の^{40}Caの中性子捕獲により生成し，その半減期は99,400年であり3.3 keVの特性X線及び2.97 keVオージェ電子を放出する[1]。一般に，放射性核種を定量する際は，放射線測定あるいは質量分析が用いられるが，m/z = 40 付近はAr ガスによりバックグラウンドレベルが上昇するため，Ar ガスプラズマを利用した誘導結合プラズマ質量分析法（以下，「ICP-MS」という）により^{41}Caを測定することは困難である。そのため^{41}Caの特性X線を低エネルギー光子スペクトロメータ（以下，「Low Energy Photon Spectrometer, LEPS」という）により測定する方法について述べる[2-4]。^{41}CaのLEPS測定では，コンプトン散乱等によるバックグラウンドレベルの上昇を防ぐためγ線を放出する^{60}Co，^{152,154}Eu，^{137}Cs及び^{133}Ba等を化学分離により除去する必要がある。これらの測定上の妨害核種を除去するため，コンクリート等の試料は，混酸により溶解させた後，陰イオン交換カラムに通液する（図3.1）。この時，Co

第3章　分析化学

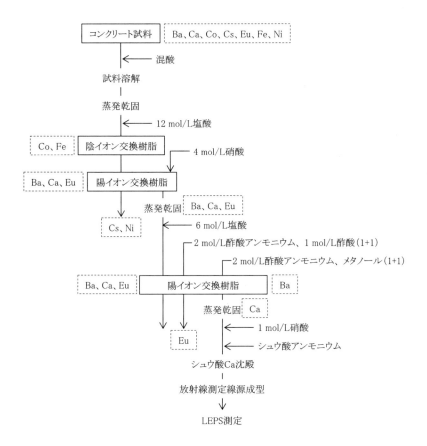

図3.1　^{41}Ca 分析フロー

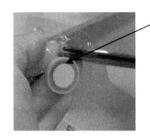

図3.2　円盤状に成型した ^{41}Ca 測定試料

は塩化物錯体を形成し，陰イオン交換時樹脂に吸着されるが，錯体を形成しない Ca，Ba，Eu，Cs はカラムを通過する。この通過液をさらに陽イオン交換樹脂に通液し，Ca，Ba，Eu を吸着させ Cs，Ni 等と分離する。陽イオン交換樹脂に吸着させた Ca は硝酸を通液することにより溶離させ，蒸発乾固した後，塩酸に溶解し，再度，陽イオン交換樹脂に吸着させる。この時，Eu 等のランタノイド及び Mg を除くアルカリ土類金属も Ca とともに陽イオン交換樹脂に吸着されるが，酢酸 - 酢酸アンモニウム溶液を通液し，ランタノイド - 酢酸錯体 [5] を形成させることにより陽イオン交換樹脂から溶離させる。その後，酢酸アンモニウム - メタノール溶液を通液し，Ca のみを溶離させる。溶離させた Ca は蒸発乾固した後，硝酸に再溶解し，さらにシュウ酸アンモニウムを加え，シュウ酸カルシウムの沈殿として回収する。

回収したシュウ酸カルシウムは，よく乾燥させた後，円盤状に成型し（図 3.2)，LEPS にて測定する。^{41}Ca の標準線源は入手が困難であるため，LEPS の効率校正は，市販されている ^{55}Fe の 5.9 KeV の X 線の効率から，質量減弱係数を用いて 3.3 KeV における計数効率を計算する [3]。供試量 1 g，測定時間 50,000 秒における検出限界値は約 0.4 Bq/g である。

3.3　^{79}Se 分析法

核分裂により生成する ^{79}Se は，半減期が 32 万年であり，最大エネルギー 150.6 keV の β 線のみを放出する [1]。測定には液体シンチレーションカウンタ（以下，「LSC」という）または ICP-MS が利用可能であり [2, 6-10]，その検出限界値は両者ともに約 0.05 Bq/g である。LSC の測定では β 線を放出する ^{90}Sr，^{90}Y，^{99}Tc，^{137}Cs，^{225}Ra 等との分離が，ICP-MS の測定では m/z = 79 となる ^{79}Br$^+$，^{158}Gd^{2+}，^{63}Cu^{16}O$^+$，及び ^{39}K^{40}Ar$^+$ との分離が必要である。^{79}Se を LSC により測定する場合は，まず，廃棄物等の試料中で多量に存在する ^{137}Cs をリンモリブデン酸アンモニウム三水和物に吸着させて分離し，次に，炭酸塩沈殿を生成させることにより Sr，Ra 等を除去する。このとき一部が溶液中に存在する Y，Th，U 等は鉄ととも

第 3 章　分析化学

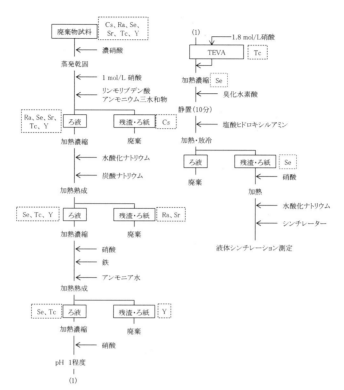

図 3.3　LSC 用 ^{79}Se 分析フロー

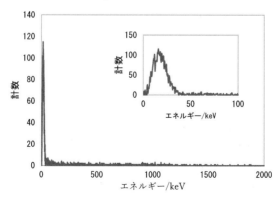

図 3.4　^{79}Se 液シンスペクトル

27

第1部　基礎編

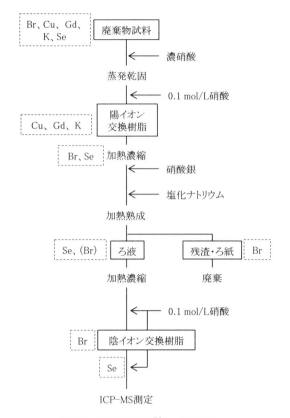

図3.5　ICP-MS用 ^{79}Se 分析フロー

に水酸化物として共沈させる。ここまでの工程で，大部分の元素が Se と分離できるが，Tc の除去は行われていない。そこで，TEVA 樹脂を用いて Tc を選択的に除去する（図3.3 LSC 用 ^{79}Se 分析フロー）。最後に Se を還元し単体として析出させ，回収率の測定と放射能測定を行う。図3.4に1F で採取した滞留水から分離した ^{79}Se の LSC スペクトルを示す。^{137}Cs や ^{90}Sr-^{90}Y 等の測定上，妨害となる放射性核種がほぼ除去され，^{79}Se のピークが明瞭に確認できる。

LSC の測定においては，安定 Br は妨害とならないため HBr と塩酸ヒドロキシルアミンによる還元が可能である。一方，ICP-MS 測定においては，^{79}Br は最も ^{79}Se 測定の妨害となる元素であるため，HBr での還元は避けるべきである。ICP-MS 測定を行う場合の化学分離では，陽イオン交換分離により Gd 及び Cu を分離し，硝酸銀沈殿分離及び陰イオン交換分離により Br を分離する（図 3.5 ICP-MS 用 ^{79}Se 分析フロー）。陰イオン交換分離では Se の酸化数が重要となる。IV価セレン（H_2SeO_3）の第一酸解離定数は $10^{-2.68}$ と小さく，0.1 mol/L 硝酸溶液中では，亜セレン酸は酸解離しないため陰イオン交換樹脂には吸着されず，Br との分離が可能となる。一方，VI価セレン（H_2SeO_4）は強酸であり，0.1 mol/L 硝酸溶液中でも酸解離し陰イオンとなるため，Br と同様に陰イオン交換樹脂に吸着するため分離・回収が不可能となるので注意が必要である。

3.4　^{129}I 分析法

核分裂生成物である ^{129}I の半減期は 1570 万年であり，放射線としては β 線，特性 X 線及びオージェ電子を放出する [1]。測定法としては LSC による β 線測定，低エネルギー光子検出器（LEPS）による特性 X 線の測定，及び質量分析法が適用可能である。LSC 測定においては，β 崩壊に伴う β 線と，オージェ電子の両方が検出されるため見かけの測定効率が 100％を超えることに注意が必要である。LEPS 測定においては，29.8，29.5 及び 39.6 keV にそれぞれ分岐比 35.9，19.5 及び 7.5％と複数の特性 X 線を放出するため（図 3.6），それぞれのピーク面積が分岐比と一致していることを確認することにより，化学分離が確実に行われていることを検証できる。ICP-MS 測定においては，ヨウ素の化学形態（I^- 及び IO_3^-）によって測定感度が異なり，I^- は感度が高いものの，装置内部に吸着しやすく，測定結果の不確かさが大きくなる。IO_3^- は I^- に比べ 1/5 程度の感度であるが，再現性に優れ精度の良い測定結果が得られる [11]。このため，^{129}I を ICP-MS で測定する場合には，測定試料中のヨウ素を，IO_3^- の化学形態に揃えておくことが望ましい。また，ICP-MS の測定では安定ヨウ素

第 1 部　基礎編

^{127}I のピークテーリングにより ^{129}I の強度に影響を及ぼすため，測定試料ごとに ICP-MS の試料導入経路等を洗浄し，誤検出を防ぐことが重要である。

　ヨウ素は揮発しやすい元素であることから，試料からのヨウ素の分離には図 3.7 に示すような燃焼装置を使用する［12］。なお，ICP-MS 測定を行う際は，ヨウ素の回収液として水酸化テトラメチルアンモニウム（TMAH）溶液を用い，TMAH で測定に適した濃度に希釈し測定する。これはTMAH が半導体製造にも利用されるため高純度の製品が入手可能であること，試料をイオン化するためのプラズマ中で TMAH は熱分解することが理由である。一方，放射線測定を適用する際は，ヨウ素の回収に水酸化ナトリウム溶液を用い，LSC の場合はカクテルと混合し測定溶液とす

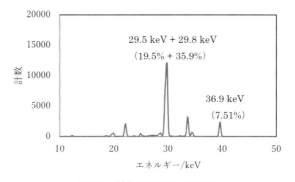

図 3.6　^{129}I の X 線スペクトル

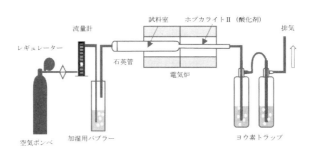

図 3.7　^{129}I 燃焼装置例

る。また LEPS 測定の場合はヨウ化銀の沈殿として回収し，よく乾燥させた後，測定を行う。

3.5 U 及び Pu 分析法

U の同位体 ($^{233, 234, 235, 236, 238}$U) は半減期が長く α 線測定に比べ質量分析の方が感度面で有利である。U を質量分析する際に分離すべき核種は ^{232}Th^{1}H$^+$，^{208}Pb^{14}N$_2^+$，^{138}Ba^{40}Ar^{14}N$^+$ 等があげられる [13-15]。$^{238, 239, 240, 241, 242, 244}$Pu 同位体の分析では，^{238}Pu を質量分析する場合，分離しきれなかった ^{238}U の同重体干渉により誤検出の恐れがある。一方，α 線測定の場合は，^{241}Pu は β 崩壊のため α 線は検出されず，また，^{239}Pu 及び ^{240}Pu は α 線のエネルギーが近接しているためスペクトル上で分離することはできない。このため，Pu 分析においては測定対象となる核種に応じて，α 線測定もしくは質量分析を適切に選択する必要がある。Pu を質量分析する際に分離すべき核種は ^{238}U^{1}H$^+$，^{204}Pb^{40}Ar$^+$，^{208}Pb^{40}Ar^{14}N$^+$，^{186}W^{40}Ar^{16}O$^+$ 等があげられ [16]，α 線測定の際には ^{239}Pu とスペクトル上で分離不可能な ^{241}Am を化学的に分離する必要がある。

U 及び Pu は測定の前にイオン交換及び固相抽出による分離精製が必要であり，図 3.8 に示すフローにより系統的な分離が可能である。U 及び Pu 分析用試料を，上段に陰イオン交換カラム，下段に UTEVA カラムを配置した 2 段カラムに，8 mol/L 硝酸溶液として通液することで陰イオン交換カラムに Pu が，UTEVA カラムに U が吸着され，U と Pu が分離される。なお，Am 及び Cm は両カラムには吸着せず通過するため，この通過液を回収し，別途 Am 及び Cm の精製操作を行うことで Am 及び Cm の測定を行うことも可能である。8 mol/L 硝酸通液後は両カラムを分離し，それぞれ Pu 及び U に合わせた精製工程を行う。

上段の陰イオン交換カラムは塩酸で Th を溶離させた後，HBr をゆっくりと通液し Pu を III 価に還元させることで溶離させる。回収した Pu は，再度，精製するために，硝酸及び少量の過酸化水素でヒュームし IV 価に酸化させる。この Pu を IV 価に保つため，少量の過酸化水素を混ぜた濃塩酸

第1部 基礎編

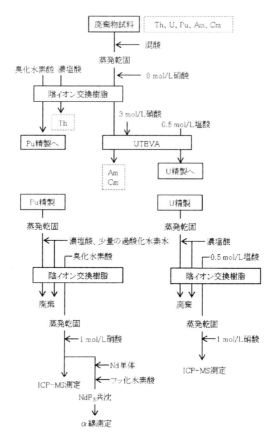

図3.8 U及びPu分析フロー

に溶解させ，陰イオン交換カラムに通液しPuをカラムに吸着させる。その後，HBrをゆっくりと通液させPuをⅢ価に還元させることで溶離させる。回収したPuは希硝酸溶液に調整してICP-MS測定試料とするか，または，アスコルビン酸でⅢ価に還元させた後，Nd単体0.3mg及びHFを添加しフッ化ネオジム共沈により固体として回収しα線測定試料とする。

下段のUTEVAカラムは3mol/L硝酸で洗浄後，0.5mol/L塩酸でUを

溶離させる。Uは蒸発乾固の後に濃塩酸に溶解し陰イオン交換樹脂に通液しUを吸着させる。その後0.5mol/L塩酸でUを溶離させUを精製し、ICP-MS測定試料を調製する。

[参考文献]

[1] Richard B. Firestone, "Table of isotopes 8th edition", Wiley, (1996)
[2] 亀尾　裕,「研究施設等廃棄物に含まれる放射性核種の簡易・迅速分析法（分析指針）」, JAEA-Technology-2009-051, (2009)
[3] Mitsuo Itoh, "Determination of ^{41}Ca in biological-shield concrete by low-energy X-ray spectrometry", Anal Bioanal Chem, 532-536 (2002)
[4] Hikaru Amano, "Measurement of ^{90}Sr in environmental samples by cation-exchange and liquid scintillation counting", Talanta, 585-590 (1990)
[5] Lars Gunner Sillen, "Stability constants of metal-ion complexes" Chemical society, (1964)
[6] R. A. Dewberry, "Procedure for Separation of Selenium and Determination of Selenium79 by Liquid Scintillation Beta Counting.", SRC-RP-91-865, Savannah River Laboratory (1991)
[7] T. C. Maiti, "Selenium-79 by Ion Exchange and Distillation Prior to Measurement by Liquid Scintillation Counting.", PNL-ALO-440, Pacific Northwest Laboratory (1990) .
[8] "Determination of Senium-79 in aqueous samples (RP530), DOE Method for evaluating environmental and waste management samples", DOE/EM-0089T, U. S. Department of Energy (1994).
[9] Sandrine Aguerre, "Development of a radiochemical separation for selenium with the aim of measurement its isotope 79 in low intermediate nuclear wastes by ICP-MS", Talanta, 565-571 (2006)
[10] Carole Frechou, "Improvement of a radiochemical separation for selenium 79: Applications to effluents and nuclear wastes", Talanta, 1166-1171 (2007)
[11] 岩島　清,「放射性ヨウ素分析法」放射能測定シリーズ4, 文部科学省 (1986)
[12] Kiwamu Tanaka, "Radiochemical analysis of rubblr and trees collected from Fukushima Daiichi Nuclear Power Station", Journal of Nuclear Science and Techonoogy, 1032-1043 (2014)
[13] Seong Y. Oh, "Isotope Measurement of Uranium at Ultratrace Levels Using Multicollector Inductively Coupled Plasma Mass Spectrometry", Mass Spectrometry Letters, 54-57 (2012)
[14] Anthony D. Pollington, "Polyatomic interferences on high precision uranium isotope ratio measurements by MC-ICP-MS : applications to environmental sampling for nuclear safeguards" J. Radioanal Nucl Chem, 2109-2115 (2016)
[15] Sergei F. Boulyga, "Uranium isotope analysis by MC-ICP-MS in sub-ng sized samples" J. Anal At. Sepctrom, 2272-2284 (2016)

第 1 部　基礎編

[16] A. V. Mitroshkov, "Estimation of the formation rates of polyatomic species of heavy metals in plutonium analysis using multicollector ICP-MS with desolvating nebulizer" J. Anal At. Sepctrom, 487-493 (2015)

第4章　放射線化学

4.1　はじめに

　放射線の影響というと，血液障害や発がんのように人体が被ばくした場合に起きる生物学的な影響が良く知られているが，放射線にばく露されると物質にも化学的な変化が起きる。放射線化学は，この放射線による物質の化学変化を取り扱う。放射線の存在は，一般産業ではあまり扱わないため，原子力や宇宙といった分野に特異な要素である。放射線による化学反応は，材料の劣化やガスの発生を引き起こすため，構造や機能の健全性や安全性を確認する上で，評価が必要とされることがある。

　1Fは燃料デブリや，事故時に燃料から放出された放射性セシウム等により放射線量の高い環境となっている。そのため様々な材料が放射線の影響を受ける状況であり，多くの作業工程においてもその影響を予め考えておく必要がある。特に，金属やセラミックスのような無機材料に比べて，水や有機物は放射線による分解が起こりやすく，材料劣化やガス発生の起点になり得る。1F廃炉に関しては，炉内に多量の水が存在するため，水の放射線分解と関連した現象に注意する必要がある。

　そこで本章では，まず，水の放射線分解に関する基礎的な内容から述べることとして，放射線によってどのように水が分解され，それによって引き起こされる化学反応がどのように進むのかを解説する。また，事故対応の中で海水注入が実施され，現在も炉内の滞留水には海水成分が残存することを踏まえ，海水の放射線分解についても紹介する。その後，より具体的な放射線の化学影響として，水素と過酸化水素の発生について説明する。水素発生に関しては放射性廃棄物の安全性の観点から注意が必要な現象であるため，汚染水処理で用いられたゼオライトと廃棄物の固化に用いられるセメントについて，水素発生に関する研究を紹介する。過酸化水素については，酸化剤としての性質があるため，金属材料の腐食と燃料デブリの変質に関する影響について言及する。燃料デブリに対する放射線の影響については，既刊の「燃料デブリ化学の現在地」[1]により詳し

く記載したので参考にして頂きたい。

4.2 水の放射線分解
4.2.1 ラジオリシスモデル

水に放射線が入射すると水の放射線分解（ラジオリシス）が発生する。ラジオリシスは，放射線が水に入射してから系全体が均一化するまでの初期過程と，系全体が均一化してから化学反応によりさらに系内が全体的に変化する2次反応過程に大別される[2]。

初期過程は，時間的に，物理過程→物理化学過程→化学過程と大別される[2]。放射線が水に入射すると，放射線と水分子との相互作用により，物理過程として，水分子の励起種の生成（$H_2O \rightarrow H_2O^*$）および水のイオン化（$H_2O \rightarrow H_2O^+ + e$）が発生する。これはおよそフェムト秒程度の時間までに発生する。その後，これらの生成物間のイオン-分子反応，解離性電子付着，イオン化した水の再結合による励起状態の形成など，多くの過程を含む物理化学過程が発生する。この過程はフェムト秒からサブピコ秒の時間領域において発生し，H_3O^+，水和電子（e_{aq}），Hラジカル，OHラジカルなどがエネルギー付与点に局在的に存在する状態（スパー）を形成する。スパーの偏在状態は，入射放射線の種類により異な

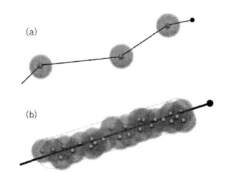

図4.1　放射線による物質へのエネルギー付与の模式図
(a) 高エネルギーの電子線と (b) アルファ線

り，イオンビームやアルファ線など局所的に大きくエネルギー付与するような放射線が入射すると，スパー同士が重なり合うため，サイズの大きなスパーが入射部に局所的に形成される。一方でX線やガンマ線のような比較的エネルギー付与点が広範囲にわたる放射線では，広範囲にスパーが形成されることになる。この放射線の種類による違いを図4.1に模式的に示した。

図4.1(a)は高エネルギーの電子線によるエネルギー付与を，図4.1(b)はアルファ線によるエネルギー付与を模式的に示したもので，イオン化や励起といったエネルギー付与のイベントが起きる頻度が大きく異なることに注目してほしい。高エネルギーの電子線では，物質のイオン化や励起といったエネルギー付与のイベントが間隔を開けて起きる。一方で，アルファ線ではイオン化・励起が密に生じる。このような違いを表す尺度としてLET（Linear Energy Transfer，線エネルギー付与）がある。LETは放射線が物質の中を進むとき，単位移動距離で物質に付与するエネルギー量のことである。代表的な低LET放射線と言えばX線やガンマ線であるが，ここでは高エネルギーの電子線を例にした。その理由は，X線やガンマ線による物質へのエネルギー付与は，コンプトン散乱や光電効果で生じる高エネルギーの電子を介して行われるためである。

高エネルギーの電子線が水を分解する場合，エネルギーが物質に付与されるイベントは，典型的には100nm以上の間隔で発生する[3]。一つのイベントで発生する電子やラジカルの初期の分布は10nm程度の大きさであるので，個々のエネルギー付与のイベントは互いに独立したものとみなせる。このように独立に生成した電子やラジカルの分布を孤立スパーと呼ぶ。ただし，電子線の場合もエネルギーが低くなってくると，エネルギー付与の間隔が狭まり，もはや低LETと見なせなくなる。低LET放射線の例として電子線ではなく，"高エネルギーの"電子線と限定していたのは，そのためである。100keV以上のエネルギーを持つ電子は，"高エネルギーの"電子線と見なせるとされている[3]。

スパーが形成されると，スパー内に生成した中間活性種は空間内を拡散

しながら，互いに反応する（スパー反応）。このスパー反応によりラジカル性の化学種は消費され，分子性の化学種が生成される。この過程を通して，マイクロ秒程度で各化学種は系内にほぼ均一に分布するようになる。この時のラジカル性および分子性の各化学種の収量を表すのがプライマリー g 値である。これは，各化学種が，水のエネルギー吸収量当たりに生成する量を表すもので単位としては（分子数 /100 eV）や（μ mol/J）などがよく用いられる。粒子線やガンマ線などに関する代表的なプライマリー g 値を表 4.1 に紹介する [4]。なお，放射線分解によって誘起される反応が終息し，最終生成物として得られた分子やイオンの収量は大文字の G を用いて G 値と表記し，プライマリー g 値とは区別される。

低 LET 放射線による孤立スパーの場合，ラジカル種は全方位に向けて拡散するため，スパーの空間構造が緩和される過程で，ラジカル種の局所濃度が下がりやすい。そのため，ラジカル-ラジカル反応の収率が下がるので，e^-_{aq} や OH ラジカルといったラジカル種の g 値が高く，水素等の分子生成物の g 値は低くなる（表 4.1）。

アルファ線は，高エネルギーの電子線とは対照的に，短い距離に多くのエネルギーを付与し，電離と励起を高い密度で起こすことができる（図 4.1(b)）。これらのエネルギー付与によって分解反応が起きるのだが，その空間的な間隔は LET が高くなるにつれて短くなるため，ラジカル種の分布が相互に重複するようになり，ついにはスパー同士がつながり，ラジカル種の分布は放射線の飛跡に沿った円筒形状とみなせるようになる。この円筒形構造をもつラジカル種の分布はトラックと呼ばれる。トラック構造の中のラジカル種の局所的な濃度は高く，またその分布が拡散によって

表 4.1　プライマリー g 値 [2-4]

放射線	e^-_{aq}	H・	H_2	・OH	H_2O_2	HO_2・
ガンマ線室温	2.5	0.56	0.45	2.50	0.70	0.02
1 MeV H	0.48	0.31	0.94	0.67	0.91	0.06
5 MeV He	0.26	0.12	1.12	0.38	0.95	0.10

緩和する過程を考えてみれば分かると思うが、球形とみなせる孤立スパーに対して、円筒形のトラックでは拡散の次元が一つ少ない。そのため、アルファ線のような高 LET 放射線によるトラック構造はラジカル‐ラジカル反応にとって有利であり、水素のような分子生成物の g 値が高く、ラジカル種の g 値が低くなるという傾向がある（表4.1）[2-5]。

これらの過程によりプリマリー生成物が系内に均一に分布するようになると、生成物間の反応（2次反応）が起こる。通常、ラジオリシスによる水質変化を解析的に評価するのは、この2次反応以降の時間領域を扱うものが多い。ラジオリシス解析において用いられる基礎式は以下のとおりである。

$$dc_i/dt = g_i D - \sum k_{ij} c_i c_j + \sum k_{kl} c_k c_l \tag{4-1}$$

ここで c_i は化学種 i の濃度、g_i は化学種 i のプリマリー g 値、k_{ij} は化学種 i と化学種 j 間の反応速度定数、D は単位時間当たりの水のエネルギー吸収量（線量率に相当）である。右辺第一項は、水の分解による直接生成項で、プリマリー生成物以外はゼロとなる。第二項は、2次反応による化学種の消失項、第三項は、2次反応による生成項である。流れや拡散などの他の物理現象が重畳する環境に関する解析では、右辺に流入／流失項や拡散項が追加される。主要な2次反応のセットを表4.2に示す [2-6]。文献により反応セットは異なるが、おおよそで30程度の2次反応が発生する。

第 1 部　基礎編

表 4.2　水の分解に関する 2 次反応セット例

No.	Reaction	Rate constant Forward	Backward
1	$e_{aq}^- + e_{aq}^- (+ H_2O + H_2O) \rightarrow H_2 + OH^- + OH^-$	7.30×10^9	
2	$H^\cdot + H^\cdot \rightarrow H_2$	5.13×10^9	
3	$^\cdot OH + {}^\cdot OH \rightarrow H_2O_2$	4.81×10^9	
4	$e_{aq}^- + H^\cdot (+ H_2O) \rightarrow H_2 + OH^-$	2.77×10^{10}	
5	$e_{aq}^- + {}^\cdot OH \rightarrow OH^-$	3.53×10^{10}	
6	$H^\cdot + {}^\cdot OH \rightarrow H_2O$	1.09×10^{10}	
7	$e_{aq}^- + H_2O_2 \rightarrow {}^\cdot OH + OH^-$	1.36×10^{10}	
8	$e_{aq}^- + O_2 \rightarrow O_2^{\cdot -}$	2.29×10^{10}	
9	$e_{aq}^- + O_2^{\cdot -} (+ H_2O) \rightarrow H_2O_2 + OH^- + OH^-$	1.30×10^{10}	
10	$e_{aq}^- + HO_2^\cdot \rightarrow HO_2^-$	1.30×10^{10}	
11	$H^\cdot + H_2O_2 \rightarrow {}^\cdot OH + H_2O$	3.66×10^7	
12	$H^\cdot + O_2 \rightarrow HO_2^\cdot$	1.30×10^{10}	
13	$H^\cdot + HO_2 \rightarrow H_2O_2$	1.14×10^{10}	
14	$H^\cdot + O_2^{\cdot -} \rightarrow HO_2^-$	1.14×10^{10}	
15	$^\cdot OH + H_2O_2 \rightarrow HO_2^\cdot + H_2O$	2.92×10^7	
16	$^\cdot OH + O_2^{\cdot -} \rightarrow O_2 + OH^-$	1.10×10^{10}	
17	$^\cdot OH + HO_2 \rightarrow O_2 + H_2O$	8.84×10^9	
18	$HO_2^\cdot + HO_2^\cdot \rightarrow H_2O_2 + O_2$	8.40×10^5	
19	$O_2^{\cdot -} + HO_2^\cdot (+ H_2O) \rightarrow H_2O_2 + O_2 + OH^-$	1.00×10^8	
20	$H_2O \leftrightarrow H^+ + OH^-$	2.08×10^{-5}	1.17×10^{11}
21	$H_2O_2 \leftrightarrow HO_2^{\cdot -} + H^+$	9.49×10^{-2}	5.02×10^{10}
22	$H_2O_2 + OH^- \leftrightarrow HO_2^{\cdot -} + H_2O$	1.33×10^{10}	1.27×10^{-4}
23	$^\cdot OH \leftrightarrow O^{\cdot -} + H^+$	9.49×10^{-2}	5.02×10^{10}
24	$^\cdot OH + OH^- \leftrightarrow O^{\cdot -} + H_2O$	1.33×10^{10}	1.27×10^{-4}
25	$HO_2^\cdot \leftrightarrow O_2^{\cdot -} + H^+$	7.73×10^5	5.02×10^{10}
26	$HO_2^\cdot + OH^- \leftrightarrow O_2^{\cdot -} + H_2O$	1.55×10^{-1}	1.55×10^{-11}
27	$H^\cdot \leftrightarrow e_{aq}^- + H^+$	5.89	2.11×10^{10}
28	$H^\cdot + OH^- \leftrightarrow e_{aq}^- + H_2O$	2.44×10^7	1.58×10^{-9}
29	$H^\cdot + H_2O \leftrightarrow H_2 + {}^\cdot OH$	4.59×10^{-5}	3.92×10^7
30	$^\cdot OH + HO_2^- \rightarrow O_2^{\cdot -} + H_2O$	8.13×10^9	
31	$O^{\cdot -} + HO_2^- \rightarrow O_2^{\cdot -} + OH^-$	7.86×10^8	
32	$O^{\cdot -} + H_2 \rightarrow H^\cdot + OH^-$	1.28×10^8	
33	$O^{\cdot -} + O_2 \leftrightarrow O_3^-$	3.75×10^9	2.62×10^3

4.2.2 海水の放射線分解反応

海水に放射線が入射した際に生じるラジオリシスにおいては，通常の水の放射線分解に加えて，海水に含有されるイオンに関するラジカル反応が発生する。海水には非常に高濃度の塩化物イオンが含まれており，他にも硫酸イオン，臭化物イオン，炭酸水素イオンなども含まれる [2-6]。加えて，ナトリウムイオンやカルシウムイオンも含まれるがこれらはラジオリシスには影響しない。主要な海水中のアニオン濃度を表4.3にまとめる [2-7]。

これらの化学種に関してのラジカル反応数は，塩化物イオンは48反応，臭化物イオンは61反応，硫酸イオンは15反応，炭酸水素イオンに関しては28反応である [2-7]。塩化物イオンおよび臭化物イオンに関する反応式を表4.4および表4.5にまとめる [2-8]。

表 4.3 海水中のアニオン成分と濃度 (mol/dm^3)

Chemicals	Cl^-	SO_4^{2-}	HCO_3^-	Br^-
Concentration	6.0×10^{-1}	2.8×10^{-2}	2.3×10^{-3}	8.0×10^{-4}

表 4.4 Cl^-に関するラジオリシス2次反応

No.	Reaction	Rate Constants ($dm^3/mol/s$) Forward	Back
1	$^{\cdot}OH + Cl^- \leftrightarrow ClOH^{\cdot -}$	4.30×10^9	6.10×10^9
2	$^{\cdot}OH + HClO \leftrightarrow ClO^{\cdot} + H_2O$	9.00×10^9	
3	$^{\cdot}OH + ClO_2^- (+ H^+) \to ClO_2^{\cdot} + H_2O$	6.30×10^9	
4	$e_{aq}^- + Cl^{\cdot} \to Cl^-$	1.00×10^{10}	
5	$e_{aq}^- + Cl_2^{\cdot -} \to Cl^- + Cl^-$	1.00×10^{10}	
6	$e_{aq}^- + ClOH^{\cdot -} \to Cl^- + OH^-$	1.00×10^{10}	
7	$e_{aq}^- + HClO \to ClOH^{\cdot -}$	5.30×10^{10}	
8	$e_{aq}^- + Cl_2 \to Cl_2^{\cdot -}$	1.00×10^{10}	
9	$e_{aq}^- + Cl_3^- \to Cl_2^{\cdot -} + Cl^-$	1.00×10^{10}	
10	$e_{aq}^- + ClO_2^- (+ H^+) \to ClO^{\cdot} + OH^-$	4.50×10^{10}	
11	$H^{\cdot} + Cl^{\cdot} \to Cl^- + H^+$	1.00×10^{10}	
12	$H^{\cdot} + Cl_2^{\cdot -} \to Cl^- + Cl^- + H^+$	8.00×10^9	

第1部　基礎編

13	H· + ClOH·⁻ → Cl⁻ + H₂O	1.00×10^{10}
14	H· + Cl₂ → Cl₂·⁻ + H⁺	7.00×10^{9}
15	H· + HClO → ClOH·⁻ + H⁺	1.00×10^{10}
16	H· + Cl₃⁻ → Cl₂·⁻ + Cl⁻ + H⁺	1.00×10^{10}
17	HO₂· + Cl₂·⁻ → Cl⁻ + HCl + O₂	4.00×10^{9}
18	HCl → Cl⁻ + H⁺	5.00×10^{5}
19	HO₂· + Cl₂ → Cl₂·⁻ + H⁺ + O₂	1.00×10^{9}
20	HO₂· + Cl₃⁻ → Cl₂·⁻ + HCl + O₂	1.00×10^{9}
21	O₂·⁻ + Cl₂·⁻ → Cl⁻ + Cl⁻ + O₂	1.20×10^{10}
22	O₂·⁻ + HClO → ClOH·⁻ + O₂	7.50×10^{6}
23	H₂O₂ + Cl₂·⁻ → HCl + HCl + O₂·⁻	1.40×10^{5}
24	H₂O₂ + Cl₂ → HO₂· + Cl₂·⁻ + H⁺	1.90×10^{2}
25	H₂O₂ + HClO → HCl + H₂O + O₂	1.70×10^{5}
26	OH⁻ + Cl₂·⁻ ↔ ClOH·⁻ + Cl⁻	7.30×10^{6}　9.00×10^{4}
27	OH⁻ + Cl₂ ↔ HClO + Cl⁻	6.00×10^{8}　3.60×10^{-3}
28	H⁺ + ClOH·⁻ → Cl· + H₂O	2.10×10^{10}
29	H₂O + Cl₂O₂ → HClO + ClO₂⁻ + H⁺	2.00×10^{2}
30	H₂O + Cl₂O → HClO + HClO	1.00×10^{2}
31	H₂O + Cl₂O₄ → ClO₂⁻ + ClO₃⁻ + H⁺ + H⁺	1.00×10^{2}
32	H₂O + Cl₂O₄ → HClO + HCl + O₄	1.00×10^{2}
33	O₄ → O₂ + O₂	1.00×10^{5}
34	Cl⁻ + Cl· ↔ Cl₂·⁻	2.10×10^{10}　1.10×10^{5}
35	Cl⁻ + Cl₂ ↔ Cl₃⁻	1.00×10^{4}　5.00×10^{4}
36	Cl₂·⁻ + Cl₂·⁻ → Cl₃⁻ + Cl⁻	7.00×10^{9}
37	ClO· + ClO· → Cl₂O₂	1.50×10^{10}
38	ClO₂· + ClO₂· → Cl₂O₄	1.00×10^{2}
39	Cl₂O₂ + ClO₂⁻ → ClO₃⁻ + Cl₂O	1.00×10^{2}
40	e_aq⁻ + ClO₃⁻ → ClO₃²⁻	1.60×10^{5}
41	ClO₃²⁻ + ·OH → OH⁻ + ClO₃⁻	1.00×10^{10}
42	ClO₃²⁻ + O·⁻ (+ H⁺) → OH⁻ + ClO₃⁻	1.20×10^{9}
43	HClO + HClO → Cl⁻ + ClO₂⁻ + H⁺ + H⁺	6.00×10^{-9}
44	ClO₂⁻ + HClO → Cl⁻ + ClO₃⁻ + H⁺	9.00×10^{-7}
45	HClO + HClO → O₂ + HCl + HCl	3.00×10^{-10}
46	HClO + Cl⁻ + H⁺ → Cl₂ + H₂O	9.00×10^{3}
47	Cl₂ (+ H₂O) → HClO + Cl⁻ + H⁺	1.50×10^{1}
48	Cl₂·⁻ + H₂ → H· + HCl + Cl⁻	4.30×10^{5}

第4章　放射線化学

表4.5　Br$^-$に関するラジオリシス2次反応

No.	Reaction	Rate Constants (dm^3/mol/s) Forward	Back
1	Br$^-$ + ·OH $\leftrightarrow$ BrOH·$^-$	1.10×10^{10}	3.00×10^7
2	Br$^-$ + Br· $\leftrightarrow$ Br$_2$·$^-$	1.00×10^{10}	1.90×10^4
3	Br$^-$ + O·$^-$ (+ H$^+$) $\rightarrow$ Br· + OH$^-$	1.40	1.30×10^{10}
4	Br· + BrO$^-$ $\rightarrow$ Br$^-$ + BrO·	4.10×10^9	
5	Br· (+ H$_2$O) $\leftrightarrow$ BrOH·$^-$ + H$^+$	1.40	1.30×10^{10}
6	Br· + HO$_2$· $\rightarrow$ H$^+$ + Br$^-$ + O$_2$	1.60×10^8	
7	Br· + OH$^-$ $\leftrightarrow$ BrOH·$^-$	1.30×10^{10}	4.20×10^6
8	Br· + H$_2$O$_2$ $\rightarrow$ Br$^-$ + O$_2$·$^-$ + H$^+$ + H$^+$	2.50×10^9	
9	Br$_2$·$^-$ + Br$_2$·$^-$ $\rightarrow$ Br$^-$ + Br$_3^-$	3.40×10^9	
10	Br$_2$·$^-$ + BrO$_2^-$ $\rightarrow$ BrO$_2$· + Br$^-$ + Br$^-$	8.00×10^7	
11	Br$_2$·$^-$ + BrO$^-$ $\rightarrow$ BrO· + Br$^-$ + Br$^-$	6.20×10^7	
12	Br$_2$·$^-$ + ClO$_2^-$ $\rightarrow$ Br$^-$ + ClO$_2$· + Br$^-$	2.00×10^7	
13	Br$_2$·$^-$ + H· $\rightarrow$ H$^+$ + Br$^-$ + Br$^-$	1.40×10^{10}	
14	Br$_2$·$^-$ + HO$_2$· $\rightarrow$ H$^+$ + Br$^-$ + Br$^-$ + O$_2$	1.00×10^8	
15	Br$_2$·$^-$ + O$_2$·$^-$ $\rightarrow$ Br$^-$ + Br$^-$ + O$_2$	1.70×10^8	
16	Br$_2$·$^-$ + e$_{aq}^-$ $\rightarrow$ Br$^-$ + Br$^-$	1.10×10^{10}	
17	Br$_2$·$^-$ + H$_2$O$_2$ $\rightarrow$ Br$^-$ + Br$^-$ + HO$_2$· + H$^+$	1.90×10^6	
18	BrO$^-$ + ·OH $\rightarrow$ BrO· + OH$^-$	4.20×10^9	
19	BrO$^-$ + O·$^-$ (+ H$^+$) $\rightarrow$ BrO· + OH$^-$	3.50×10^9	
20	BrO$^-$ + e$_{aq}^-$ $\rightarrow$ Br$^-$ + O·$^-$	1.50×10^{10}	
21	BrO$_2^-$ + ·OH $\rightarrow$ BrO$_2$· + OH$^-$	2.30×10^9	
22	BrO$_2^-$ + BrO· $\rightarrow$ BrO$^-$ + BrO$_2$·	4.00×10^8	
23	BrO$_2^-$ + O·$^-$ (+ H$^+$) $\rightarrow$ BrO$_2$· + OH$^-$	1.60×10^9	
24	BrO$_2^-$ + e$_{aq}^-$ (+ H$^+$ + H$^+$) $\rightarrow$ BrO· + H$_2$O	1.10×10^{10}	
25	BrO$_3^-$ + H· $\rightarrow$ BrO$_2$· + OH$^-$	2.00×10^7	
26	BrO$_3^-$ + e$_{aq}^-$ (+ H$_2$O) $\rightarrow$ BrO$_2$· + OH$^-$ + OH$^-$	3.40×10^9	
27	Br$_2$ + H· $\rightarrow$ Br$_2$·$^-$ + H$^+$	1.00×10^{10}	
28	Br$_2$ + HO$_2$· $\rightarrow$ H$^+$ + O$_2$ + Br$_2$·$^-$	1.30×10^8	
29	Br$_2$ + O$_2$·$^-$ $\rightarrow$ O$_2$ + Br$_2$·$^-$	5.00×10^9	
30	Br$_2$ + Br$^-$ $\leftrightarrow$ Br$_3^-$	9.60×10^8	5.50×10^7
31	Br$_2$ + e$_{aq}^-$ $\rightarrow$ Br$_2$·$^-$	5.30×10^{10}	
32	HOBr + ·OH $\rightarrow$ BrO· + H$_2$O	2.00×10^9	

第1部　基礎編

33	$HOBr + O_2^{\cdot -} \to O_2 + Br^{\cdot} + OH^-$	3.50×10^9	
34	$BrO_2^{\cdot} + {}^{\cdot}OH \to BrO_3^- + H^+$	2.00×10^9	
35	$BrO_2^{\cdot} + BrO_2^{\cdot} (+ H_2O) \to BrO_3^- + BrO_2^- + H^+ + H^+$	4.00×10^7	
36	$BrO_2^{\cdot} + ClO_2^- \to BrO_2^- + ClO_2^{\cdot}$	3.60×10^7	
37	$Br_3^- + H^{\cdot} \to H^+ + Br_2^{\cdot -} + Br^-$	1.20×10^{10}	
38	$Br_3^- + O_2^{\cdot -} \to O_2 + Br_2^{\cdot -} + Br^-$	1.50×10^9	
39	$Br_3^- + e_{aq}^- \to Br_2^{\cdot -} + Br^-$	2.70×10^{10}	
40	$BrOH^{\cdot -} + Br^- \to Br_2^{\cdot -} + OH^-$	1.90×10^8	
41	$BrO^{\cdot} + BrO^{\cdot} (+ H_2O) \to BrO^- + BrO_2^- + H^+ + H^+$	2.80×10^9	
42	$BrO^{\cdot} + BrO_2^- \to BrO^- + BrO_2^{\cdot}$	4.00×10^8	
43	$HOBr \leftrightarrow H^+ + BrO^-$	1.58×10^1	1.00×10^{10}
44	$Br^- + Cl_2^{\cdot -} \leftrightarrow BrCl^{\cdot -} + Cl^-$	4.00×10^9	1.10×10^2
45	$BrCl^{\cdot -} \leftrightarrow Cl^- + Br^{\cdot}$	8.50×10^7	1.00×10^{10}
46	$BrCl^{\cdot -} + Br^- \leftrightarrow Br_2^{\cdot -} + Cl^-$	8.00×10^9	4.30×10^6
47	$Br^- + Cl_2 \leftrightarrow BrCl_2^-$	6.00×10^9	9.00×10^3
48	$BrCl_2^- \leftrightarrow BrCl + Cl^-$	1.70×10^5	1.00×10^6
49	$BrCl_2^- + Br^- \to Br_2Cl^- + Cl^-$	3.00×10^8	
50	$BrCl (+ H_2O) \leftrightarrow HOBr + H^+ + Cl^-$	3.00×10^6	2.30×10^{10}
51	$BrCl (+ H_2O) \leftrightarrow HOCl + H^+ + Br^-$	1.15×10^{-3}	1.32×10^6
52	$Br^- + HOBr + H^+ \leftrightarrow Br_2 + H_2O$	3.00×10^9	2.00
53	$Br^- + HBrO_2 + H^+ \leftrightarrow HOBr + HOBr$	3.00×10^6	2.00×10^{-5}
54	$Br^- + BrO_3^- + H^+ \to HOBr + BrO_2^-$	2.50×10^{-7}	
55	$HOBr + HBrO_2 \to Br^- + BrO_3^- + H^+ + H^+$	3.20	
56	$HBrO_2 + HBrO_2 \leftrightarrow HOBr + BrO_3^- + H^+$	3.00×10^3	1.00×10^{-8}
57	$HBrO_2 + BrO_3^- + H^+ \leftrightarrow BrO_2^{\cdot} + BrO_2^{\cdot} + H_2O$	4.20×10^1	4.20×10^7
58	$HBrO_2 \leftrightarrow BrO_2^- + H^+$	5.00×10^5	1.35×10^9
59	$BrCl^{\cdot -} + BrCl^{\cdot -} \to BrCl + Br^- + Cl^-$	1.20×10^9	
60	$Br_2 + Cl^- \leftrightarrow Br_2Cl^-$	1.00×10^7	7.69×10^6
61	$BrCl + Br^- \leftrightarrow Br_2Cl^-$	1.00×10^7	5.56×10^2

中でもとくに重要な役割を果たすのは臭化物イオンである。海水のラジオリシスは，海水に含まれる濃度と同濃度の臭化物イオン溶液のラジオリシスとほぼ一致する［2-6］。これは，臭化物イオンがOHラジカルと反応性が高いことに起因している。水の放射線分解において重要な反応の1つが以下に示す水素とOHラジカルの反応である。

$$H_2 + \cdot OH \rightarrow H^{\cdot} + H_2O \qquad (k_f : 3.9 \times 10^7) \qquad (4\text{-}2)$$

一方，塩化物イオンや臭化物イオンがあるとそれらとOHラジカルが反応する。

$$Cl^- + \cdot OH \rightarrow ClOH^{\cdot -} \qquad (k_f : 7.0 \times 10^9) \qquad (4\text{-}3)$$
$$Br^- + \cdot OH \rightarrow BrOH^{\cdot -} \qquad (k_f : 1.1 \times 10^{10}) \qquad (4\text{-}4)$$

各イオンのOHラジカルとの反応スキームを図4.2に示す［4.2-8］。

これより，OHラジカルが塩化物イオンおよび臭化物イオンに優先的にトラップされる。臭化物イオンによるOHラジカルのトラップは，塩化物イオンに比べて逆反応が非常に遅く，後続のラジカル反応が進みやすい。そのため，海水のラジオリシスにおいては臭化物イオンが支配的となる。

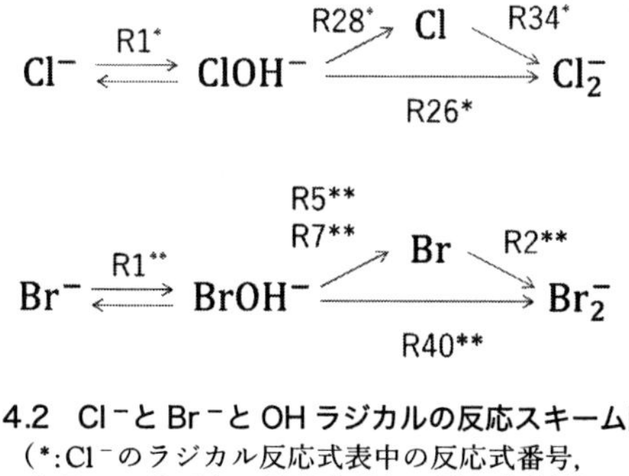

図4.2 Cl^-とBr^-とOHラジカルの反応スキーム図
（*：Cl^-のラジカル反応式表中の反応式番号，
**：Br^-のラジカル反応式表中の反応式番号）

4.3 水素発生

水素は水の放射線分解で生じる生成物のひとつであり,爆発下限が4.0%と低いため,放射性物質の取り扱いや保管に際しては特に注意を要する。水中での水素の発生機構はよく研究されており,水の放射線分解の初期過程で,還元性のラジカル種である e^-_{aq} および $H^\bullet$ の反応(表4.2中の反応1,2および4)で生成する [9]。これらの反応はラジカル-ラジカル反応であるため,ラジカル種が局所的に高濃度になる初期の反応過程が重要になる。逆にラジカル種が溶液中に均一に拡散した後の反応では,ラジカル種と反応して水素分子を生成する物質が溶存している場合を除いて,ほとんど水素は生成しない。本節では,まず水の放射線分解の初期過程での水素生成や水素の発生量に影響する溶液中のラジカル反応について説明し,その後放射性廃棄物からの水素発生について議論したい。

4.3.1 水素の生成機構

ラジオリシスモデルについて,4.1節で述べたように,ガンマ線やアルファ線といった放射線の種類の違いによって,水の放射線分解生成物のG値が異なる。水素のG値も大きく異なっており,表4.1のとおり,アルファ線の方が大きなG値を示す。これは,ガンマ線とアルファ線では物質にエネルギーを与える際の密度が異なり,そのために放射線分解によって生じるラジカル種の空間分布が違うためであった。

水素の生成も含めて,放射線分解直後のラジカル種の分布の影響については4.1節で述べたが,水素の生成がラジカルの化学反応によるものである以上,溶存物質の影響も受ける。スパー/トラック構造の中での初期反応過程は,ラジカル種の局所濃度が高く,またラジカル-ラジカルの反応は速いことも相まって,溶質の影響を受けにくい。しかし,純水中の反応過程と同等と考えることができるのは,溶質の反応性にもよるが1〜10 mM 程度までであろう。そのため,4.1節で取り上げた,海水のラジオリシスの場合,高濃度の塩の溶存が少なからず初期過程に影響を与える。ただし,海水の場合,主要な溶存成分である NaCl は水素分子に関する反

応過程にあまり干渉しないため,水素の g 値は純水の放射線分解の場合から大きく変化しない [10]。一方で,使用済核燃料の再処理で使う硝酸溶液のように,水素分子を生成する e^-_{aq} や H・と溶質(硝酸溶液では硝酸イオン / 分子)の反応性が高い場合は,溶質濃度の増加により初期反応過程で生成する水素の量が大幅に減少する [11]。この効果は硝酸イオン / 分子だけでなく,重金属イオン等でも観測されている [12]。

このような放射線分解に引き続く初期の反応過程に加えて,拡散によってラジカル種の初期分布が緩和した後の2次反応過程の段階で,水素の発生に関与する反応過程についても紹介する。まず,純水中での放射線分解で最も水素の発生量に大きく影響する反応は,OH ラジカルと水素分子との反応 (4-2) である。反応 (4-2) は速度定数が 3.9×10^7 でありラジカル反応として遅い反応であるが,純水中の反応でラジカル - ラジカル反応以外に水素の発生に関係するものは他にないため,大きな影響を持つ場合がある。OH ラジカルと反応する物質が溶存していない場合で,撹拌等の操作をせず,生成した水素が溶液中に蓄積する条件では,有意に水素の発生量を低減させる。特に,ガンマ線のような低 LET 放射線の場合,水素の g 値が低く,ラジカル種の g 値が高いため,反応 (4-2) の効果は高くなり,静置条件での純水のガンマ線照射では,試料のサイズにもよるが,最終生成物としての水素の g 値が非常に低くなることがある [13]。試料サイズが影響する理由は,放射線分解で生成した水素分子が気相に移行するまでに要する時間が異なるためである。

反応 (4-2) が水素の発生を抑制する効果を持つことから分かるように,OH ラジカルの反応挙動も水素生成に間接的に影響する。すなわち,OH ラジカルが別の物質と反応して,水素の挙動に対して影響しない生成物が生じるなら,反応 (4-2) による水素抑制は機能しなくなる。このような溶質の代表例は臭化物イオンである。臭化物イオンは海水の溶存成分でもあり,反応 (4-4) により OH ラジカルと反応する。これにより生成する含臭素ラジカルは水素と有意な反応性を示さないため,臭化物イオンの溶存は OH ラジカルによる水素低減効果を阻害してしまう。その反応速度

は大きく，水素と OH ラジカルとの反応（4-2）の 250 倍の速度定数を持つため，1mM の臭化物イオンの溶存で反応（4-2）の寄与は無視できるようになる［14］。

4.3.2 廃棄物からの水素発生

液体の水の放射線分解は理解が進んでいるため，放射性廃棄物の中でも液体廃棄物の水素発生については，ある程度評価することができる。水溶液とみなすことができる液体廃棄物で，必要な情報が分析値として得られていれば，文献調査により反応式群と必要なパラメータを収集し，解析による評価を行うことも可能である。ただし，減容のため濃縮操作などを行った廃液では，個別に知見を積み上げなければならない場合が多いと思われる。水溶液にラジオリシス解析が適用できるのは，スパー／トラック構造内の反応が水の放射線分解と同等と近似できる範囲であり，濃厚溶液の類には，放射線分解に引き続く初期過程のより詳細なモデリングが必要になる［15］。

含水固体廃棄物については，各種廃棄物の主要成分について，放射線分解反応を個別具体的に研究する必要がある。これは，放射線によるエネルギー付与は物質選択性が低いため，水を含んでいる廃棄体だとしても主要成分が固体の母材であれば，固体母材にエネルギーが付与され，電離・励起が起きる。そして，固体母材へのエネルギー付与を起点とした反応は，水の放射線分解とは全く異なる機構で進展すると想定されるからである。固体廃棄物の放射線分解で研究が進んでいる対象としては，ゼオライトとセメントがある。ゼオライトは多孔質でカチオン交換能を持つ無機材料であり，1F 事故対応の中では，放射性物質を含む汚染水の吸着処理に用いられた。そのため，放射能濃度の高いゼオライト廃棄物が発生し，筆者も当時携わったが，含水ゼオライトの放射線分解に関する研究が進められた。また，放射線利用の観点から反応場として魅力のある材料であったため，1F 事故以前にも研究の蓄積がある［16］。一方，セメントは比較的放射能の低い液体廃棄物の固化剤や，固体廃棄物の充填剤として用いら

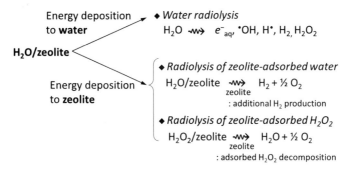

図 4.3　含水ゼオライト中での放射線分解について提案されている反応スキーム [20]

れる材料であり，廃炉作業に伴って多量に発生する中・低レベルの廃棄物の処理として，セメントによる廃棄体化は選択肢の一つである。放射性廃棄物の処理にこれまでにも用いられてきた材料であり，廃棄体の保管期間における水素発生の挙動を把握するため放射線分解の研究が進められている [17]。

まずはゼオライトについて取り上げたい。水を含むゼオライトに放射線を照射すると，水の分解反応によって水素が発生するが [18]，過酸化水素については分解反応が進むことが分かっている [19]。含水ゼオライトの放射線分解では，固体のゼオライトが受け取ったエネルギーの一部が水の分解反応に利用されると理解されているが，その収率は液体の水が放射線によって直接分解される場合の半分程度とあまり高くない。また過酸化水素の分解反応も同様のスキームで，固体に付与されたエネルギーによってゼオライトに吸着した過酸化水素の分解が起きると考えらえている。この固体から吸着分子へのエネルギー移動反応に対しては図 4.3 のような反応スキームが提案されており，ゼオライトの非常に微細な多孔質構造が重要な役割を果たしていると考えられている [20]。

ゼオライトはアルミノケイ酸塩鉱物であり，一般的な組成式は $M_{y/n}Si_xAl_yO_{2(x+y)}$（M は n 価の骨格外カチオン）と書くことができる。オ

第1部　基礎編

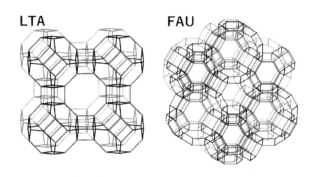

図4.4　A型（LTA）およびX型（FAU）ゼオライトの骨格構造

ルトケイ酸の四面体構造をユニットとして，それが様々な二次構造で結晶化した骨格を持つ。身近な例としては，乾燥剤として用いられるモレキュラーシーブのA型とX型は，それぞれ図4.4のようにLTA構造，FAU構造と別の骨格構造を持っている。この骨格は結晶構造に規定された極めて均質なナノメートルスケールの細孔構造を持ち，分子量の小さな分子やイオンを取り込むことができる。ゼオライトの骨格は，構造を形成しているSiの一部がAlに置換している。4価のSiが3価のAlにより置換されるため，その分だけ骨格は負電荷を帯びるようになる。これを補償する形で細孔内にカチオンが存在する。ゼオライト骨格の負電荷と細孔内のカチオンは一種の塩を形成しており，また細孔内のカチオンは外部の別のカチオンと容易に交換するため，ゼオライトはカチオン交換能を有する。この特性を利用して，汚染水から主に放射性のセシウムを除去するために用いられた。

　ゼオライトは乾燥剤としても用いられるように，細孔内に水分子を強く吸着する。吸着水を含んだゼオライトを放射線が通過すると，吸着水とゼオライト骨格のどちらでも放射線による電離や励起が起きる。ゼオライト骨格に対して付与されたエネルギーが吸着分子の反応を誘起するエネルギー移動過程の詳細はまだ明らかではないが，骨格から弾き出された電子

が細孔内に移動する反応や［21］，固体中に形成された励起状態が吸着分子と反応することは観測されている［22］。このようなエネルギー移動反応は，SiO_2の場合には数ナノメートルの空間スケールで起きることが分かっており［23］，ゼオライトの細孔構造のスケールと同等かそれよりも少し長い距離を伝播できる。そのため，ゼオライト骨格に付与されたエネルギーによる付加的な水素発生は，その収率が液体の水の放射線分解の半分程度であることを踏まえると，このエネルギー移動反応によるものとして解釈できる。

次にセメントについて述べる。セメント材料も放射線分解により水素を発生させてしまう。セメントは水と練り混ぜて，水和や重合反応を利用して硬化させる材料であるため，水分子を含み，放射線環境では水分子の分解で水素が発生する。添加材により様々な種類のセメントが工業的に利用されているため，放射線分解に関する研究は代表的な組成を持つポルトランドセメントや，その構成成分を対象とするものがほとんどである［17］。セメントの主成分はカルシウムとケイ素であり，少量のアルミニウム，鉄を含む。水と練り混ぜる前の主な化学形としてはカルシウムのケイ酸塩とアルミン酸塩である［23］。水を加えて硬化した後のセメントには，水酸化カルシウムやケイ酸カルシウム水和物等が生成し，不均質な混合物となる。硬化後のセメントは多孔質な組織を持ち，様々な相の間隙が存在し，さらにケイ酸カルシウム水和物相はナノメートルスケールの細孔を持つ。セメント硬化体の組織に中には，水和水として固相に強く結合した水分子に加えて，細孔内に水分が含まれており，放射線分解による水素の発生源となる。

セメント硬化体は多孔質な組織を持つため，ゼオライトと同様にエネルギー移動による水の分解反応が起きると考えられる。実際に，セメント硬化体や［24］，その組成の中でも微細な細孔構造を持つケイ酸カルシウム水和物の照射実験では［25］，含水量から想定される水素発生量と比較して，多量の水素が発生することが報告されている。ただし，セメント硬化体は多孔質体であること以外にも，内部に含まれている水の性質にも考慮

第1部　基礎編

すべき点がある。セメント硬化体の構成成分である水酸化カルシウムは強い塩基であり，飽和水溶液の pH は 12.4 となる。そのため，セメントに含まれる水の中では，いくつかのラジカルは酸乖離した状態となる。特に，OH ラジカルは次の反応により $O^{\cdot -}$ となる。

$$\cdot OH + OH^- \rightleftarrows O^{\cdot -} + H_2O \qquad pKa = 11.9 \qquad (4\text{-}5)$$

$O^{\cdot -}$ は OH ラジカルと比べて水素との反応性が高く，その反応速度定数は $1.2 \times 10^8 \, dm^3/mol/s$ を示す。

$$H_2 + O^{\cdot -} \rightarrow e^-_{aq} \qquad (4\text{-}6)$$

そのため，OH ラジカルによる水素の低減効果は中性条件の水中よりも高いと考えられている [17]。また，セメント中の含水量に対する水素発生量の依存性を調べた報告によれば [22,24]，セメント硬化体中で水和物を構成している水分子は照射を行っても水素をほとんど発生させることがなく，水素発生は細孔内の水の放射線分解によるものであると考えられている。この細孔内の水分は空気中の水蒸気と平衡状態にあり，湿度に依存して水分量が変化する。そのため，適切に保管状態を管理することで，放射線分解による水素発生量の制御が可能であると考えられている。

4.4　過酸化水素発生
4.4.1　過酸化水素の生成機構

過酸化水素は水素と同様に水の放射線分解で生成される物質であり，線質の影響に関しては 4.2 節で紹介した水素と同様に過酸化水素も高 LET 放射線になると生成 g 値が増加する。また，水の放射線分解で生成される過酸化水素は以下の反応により水素と密接に関係する [3]。

$$H_2O_2 + H^\cdot \rightarrow \cdot OH + H_2O \qquad (4\text{-}7)$$

$$H_2 + {}^{\cdot}OH \rightarrow H^{\cdot} + H_2O \tag{4-8}$$

HラジカルとOHラジカルを介して水素と過酸化水素濃度が連動することになる。よって仮に水素が過剰に存在する系になると，Hラジカルの生成が加速され，それにより過酸化水素が消費され濃度が低下するというようなことが発生する。

また，水の放射線分解で生成される過酸化水素量には水中の溶存酸素濃度が影響する。水の放射線分解による過酸化水素の生成量に関して，各反応の寄与を分析する手法の1つが，数値解析において特定の反応式の反応速度を意図的に変化させ，解析結果への影響を見る手法である，感度解析評価である。この感度解析によると，以下の反応が過酸化水素の生成量に影響している。

$$e^-_{aq} + H_2O_2 \rightarrow {}^{\cdot}OH + OH^- \tag{4-9}$$
$$e^-_{aq} + O_2 \rightarrow O_2^{\cdot -} \tag{4-10}$$

また，以下の反応も寄与していると指摘されている。

$$H^{\cdot} + O_2 \rightarrow HO_2^{\cdot} \tag{4-11}$$
$$HO_2^{\cdot} + HO_2^{\cdot} \rightarrow H_2O_2 + O_2 \tag{4-12}$$

これらより，溶存酸素濃度が高いと，酸素と水和電子の反応が優先的に進むことにより，水和電子が消費され，かつHラジカルとの反応により，HO_2ラジカルの生成とそれによる過酸化水素の生成が発生するため，これらの複合的な影響により過酸化水素濃度が増加する。よって，脱酸素もまた，過酸化水素生成量の抑制に効果的である。

4.4.2 腐食に与える影響

水の放射線分解により生成される過酸化水素は，酸化剤として作用する

ため，放射線環境下で過酸化水素が生成されると腐食が加速される。本節では，とくに代表的な金属材料として炭素鋼，およびステンレス鋼に関して過酸化水素の寄与を紹介する。

一般的に炭素鋼の腐食において扱われる酸化剤種は水中の溶存酸素であり，溶存酸素が存在する水中での炭素鋼の腐食速度は酸素のカソード反応の拡散限界電流により律速される［26］。同様に水中に過酸化水素が存在する条件下でも同様に過酸化水素のカソード反応の拡散限界電流により律速される［26］。

$$O_2 + 2H_2O + 4e^- \rightarrow 4OH^- \tag{4-13}$$
$$H_2O_2 + 2e^- \rightarrow 2OH^- \tag{4-14}$$

これらのカソード反応の拡散限界電流は以下の式で表現される［27］。

$$i_{\lim} = nFDC/\delta \quad [\mathrm{A/m^2}] \tag{4-15}$$

ここで，$i_{\lim}$ は拡散限界電流，n はカソード反応において消費される電子数，F はファラデー定数，D はカソード反応において消費される酸化剤種である酸素や過酸化水素の拡散係数，C は酸化剤種の濃度，δ は表面境界層の厚さである。表面境界層厚さは，一般的には常温の静止水で約 0.5mm である［27］。この式にあるように，過酸化水素の拡散限界電流は，過酸化水素の拡散係数，濃度に比例する。よって，水の放射線分解で生成される過酸化水素の濃度が高くなると炭素鋼の腐食は加速される。

ステンレス鋼は耐食性の非常に高い材料であるため，炭素鋼と異なり腐食において議論とされるのは孔食やすき間腐食，応力腐食割れに代表される局部腐食である。ステンレス鋼の局部腐食は，ステンレス鋼の腐食電位が貴化すると発生リスクが増加する［27］。よって，腐食電位は局部腐食を議論するうえで重要な要素の1つである。ステンレス鋼の腐食電位は，酸化剤種の濃度が高くなると貴化する。よって過酸化水素もステンレス鋼

の腐食電位を貴化させ，局部腐食を発生させる要因となる。[27]

4.4.3 燃料デブリの変質

水の放射線分解による過酸化水素の生成は，燃料デブリの経年変化に対しても影響を持つと考えられている。ウラン酸化物の放射線化学反応は使用済核燃料の直接処分を背景として研究が進んでおり [28]，二酸化ウラン（UO_2）が水と接触した条件で放射線にばく露されると，過酸化水素によって表面が酸化され，ウラニルイオンが溶出する。そのため，燃料デブリの複雑な組成の中でも，ウラン酸化物相については，過酸化水素による表面酸化で，組織が変質する可能性がある。

CHNPP 事故で発生した燃料デブリでは，事故後の経年変化によって表面にウラニル化合物が生成していることが観察されている [29]。CHNPP 事故の燃料デブリに含まれるウラン酸化物相が変質したものと考えられている。デブリ表面で観察されたウラニル化合物として，水酸化物や炭酸塩に加えて，過酸化物も報告されていることから，水の放射線分解が寄与していることが示唆される。

一方で，1F 事故後に進められた模擬燃料デブリを用いた核種の溶出や過酸化水素による反応に関する研究の報告によれば，UO_2 や U_3O_8 のようなウランと酸素とから成る単純な酸化物に比べて，ジルコニウムが固溶した $(U, Zr)O_2$ 相は水中で安定であり [30]，過酸化水素が溶存していても酸化されにくいことが分かっている [31]。ジルコニウムは燃料棒の被覆管の材料として使われている元素であり，過酷事故時の高温下では，UO_2 燃料と被覆管が反応して，$(U, Zr)O_2$ 相が形成される。$(U, Zr)O_2$ 相は 1F 炉内から採取された微粒子サンプルで観測されている他 [32]，TMI-2 事故で生じた燃料デブリでも確認されている [33]。そのため，1F の燃料デブリで化学的に安定な固溶体相の生成が進んでいれば，水の放射線分解で生じる過酸化水素の影響は小さいのではないかと思われる。しかし，燃料デブリは極めて不均質で多様な化学形を持つと想定されるため，例えば周囲の金属材料とほとんど反応せず，化学形態が燃料の UO_2 に近い状態

第1部　基礎編

のまま留まっている部分があるとすれば，表面酸化により水に溶出しやすい状態への変化が進む可能性があることは否定できない。

[参考文献]
[1] 佐藤修彰, 桐島陽, 佐々木隆之, 高野公秀, 熊谷友多, 佐藤宗一, 田中康介, 燃料デブリ化学の現在地, 第6章, (2023) 東北大学出版会
[2] 室谷遊佐 , RADIOISOTOPES, 66, 425-435 (2017)
[3] S. M. Pimblott, J. A. LaVerne, "Effect of Electron Energy on the Radiation Chemistry of Liquid Water", Radiat. Res. 150, 159-169 (1998)
[4] 勝村庸介 , 日本原子力学会誌 , 51, 490-494 (2009)
[5] S. M. Pimblott, A. Mozumder, "Modeling of Physicochemical and Chemical Processes in the Interactions of Fast Charged Particles with Matter" In A. Mozumder and Y. Hatano (Eds.) Charged Particle and Photon Interactions with Mater; Chemical, Physicochemical, and Biological Consequences with Applications, Chap. 4, pp. 75–104. (2003) CRC Press, Boca Raton, FL.
[6] A. J. Elliot, The Reaction Set, Rate Constants and G-Values for the Simulation of the Radiolysis of Light Water over the Range 20° to 350°C Based on Information Available in 2008, Atomic Energy of Canada Limited Report, AECL No.153-127160-450-001, (2009)
[7] K. Hata et al., J. Nucl. Sci. Tech., 53, 1183-1191 (2016)
[8] K. Hata et al., Nucl. Tech, 193, 434-443 (2016)
[9] G. V. Buxton, "An Overview of the Radiation Chemistry of Liquids" in M Spotheim-Maurizot, M. Mostafavi, T. Douki, J. Belloni (Eds.) , Radiation Chemistry from Basics to Applications in Material and Life Sciences, Chap. 1, pp. 3–16 (2008) EDP Sciences, Les Ulis, France.
[10] M. Kelm, V. Metz, E. Bohnert, E. Janata, C. Bube, "Interaction of Hydrogen with Radiolysis Products in NaCl Solution–Comparing Pulse Radiolysis Experiments with Simulations", Radiat. Phys. Chem. 80, 426-434 (2011).
[11] G. P. Horne, S. M. Pimblott, J. A. LaVerne, "Inhibition of Radiolytic Molecular Hydrogen Formation by Quenching of Excited State Water", J. Phys. Chem. B121, 5385-5390 (2017).
[12] B. Pastina, J. A. LaVerne, S. M. Pimblott, "Dependence of Molecular Hydrogen Formation in Water on Scavengers of the Precursor to the Hydrated electron", J. Phys. Chem. A, 103, 5841-5846 (1999).
[13] R. Yamada, Y. Kumagai, "Effects of Alumina Powder Characteristics on H_2 and H_2O_2 Production Yields in γ-Radiolysis of Water and 0.4M H_2SO_4 aqueous solution", Int. J. Hydrogen Energy, 37, 13272-13277 (2012).
[14] J. A. LaVerne, M. R. Ryan, T. Mu, "Hydrogen Production in the Radiolysis of Bromide Solutions" Radiat. Phys. Chem., 78, 1148-1152 (2009).

第 4 章　放射線化学

[15] G. P. Horne, T. A. Donoclift, H. E. Sims R. M. Orr, S. M. Pimblott, "Multi-Scale Modeling of the Gamma Radiolysis of Nitrate Solutions", J. Phys. Chem. B, 120, 11781-11789 (2016).
[16] J. K. Thomas, "Physical Aspects of Radiation-Induced Processes on SiO2, γ-Al$_2$O$_3$, Zeolites, and Clays", Chem. Rev., 105, 1683-1734 (2005).
[17] P. Bouniol, "Water Radiolysis in Cement-Based Materials" in M Spotheim-Maurizot, M. Mostafavi, T. Douki, J. Belloni (Eds.), Radiation Chemistry from Basics to Applications in Material and Life Sciences, Chap. 8, 117-130 (2008) EDP Sciences, Les Ulis, France.
[18] Y. Kumagai, A. Kimura, M. Taguchi, M. Watanabe, "Hydrogen Production by γ-Ray Irradiation from Different Types of Zeolites in Aqueous Solution" J. Phys Chem. C, 121, 18525-18533 (2017).
[19] Y. Kumagai, "Decomposition of Hydrogen Peroxide by γ-Ray Irradiation in Mixture of Aqueous Solution and Y-type Zeolite", Radiat. Phys. Chem., 97, 223-232 (2014).
[20] K. K. Iu X. Liu, J. K. Thomas, "Spectroscopic Studies of Electron Trapping by Sodium Cationic Clusters in Zeolites", J. Phys. Chem., 97, 8165-8170 (1993).
[21] X. Liu, G. Zhang, J. K. Thomas, "Spectroscopic Studies of Electron and Hole Trapping in Zeolites: Formation of Hydrated Electrons and Hydroxyl Radicals", J. Phys. Chem. B, 101, 2182-2194 (1997).
[22] B. H. Milosavljevic, S. M. Pimblott, D. Meisel, "Yields and Migration Distances of Reducing Equivalents in the Radiolysis of Silica Nanoparticles", J. Phys. Chem. B, 108, 6996-7001 (2004).
[23] D. C. MacLaren, M. A. White, "Cement: Its Chemistry and Properties", J. Chem. Educ., 80, 623-635 (2003).
[24] S. LeCaër, L. Dezerald, K. Boukari, M. Lainé, S Taupin, R. M. Kavanagh, C. S. N. Johnston, E. Foy, T. Charpentier, K. J. Krakowiak, R. J.-M. Pellenq, F. J. Ulm, G. A. Tribello, J. Kohanoff, A. Saúl, "Production of H$_2$ by Water Radiolysis in Cement Paste under Electron Irradiation: A Joint Experimental and Theoretical Study", Cement Concrete Res., 100, 110-118 (2017).
[25] C. Yin, A. Dannoux-Papin, J. Haas, J.-P. Renault, "Influence of Calcium to Silica Ratio on H$_2$ Gas Production in Calcium Silicate Hydrate" Radiat. Phys. Chem., 162, 66-71 (2019).
[26] 佐藤 智徳他，材料と環境，70, 457-461 (2021)
[27] 腐食防食協会編，「金属の腐食・防食 Q&A 電気化学入門編」，丸善，(2002)
[28] T. E. Eriksen, D. W. Shoesmith, M. Jonsson, "Radiation Induced Dissolution of UO$_2$ Based Nuclear Fuel—A Critical Review of Predictive Modelling Approaches", J. Nucl. Mater., 420, 409-423 (2012).
[29] B. Zubekhina, B. Burakov, E. Silanteva, Y. Petrov, V. Yapaskurt, D. Danilovich, "Long-Term Aging of Chernobyl Fuel Debris: Corium and "Lava." Sustainability, 13, 1073 (2021).
[30] A. Kirishima, M. Hirano, D. Akiyama, T. Sasaki, N. Sato, "Study on the Leaching Behavior of Actinides from Nuclear Fuel Debris", J. Nucl. Mater., 502, 169-176 (2018).
[31] Y. Kumagai, M. Takano, M. Watanabe, "Reaction of Hydrogen Peroxide with Uranium Zirconium Oxide Solid Solution – Zirconium Hinders Oxidative Uranium Dissolution", J.

第 1 部　基礎編

　　　Nucl. Mater., 497, 54-59 (2017).
[32] T. Yomogida, K. Ouchi, T. Oka, Y. Kitatsuji, Y. Koma, K. Kono, "Analysis of Particles Containing Alpha-Emitters in Stagnant Water at Torus Room of Fukushima Dai-ichi Nuclear Power Station's Unit 2 Reactor", Sci. Rep., 12, 7191 (2022).
[33] F. Nagase, H. Uetsuka, "Thermal Properties of Three Mile Island Unit 2 Core Debris and Simulated Debris", J. Nucl. Sci. Tech., 49, 96-102 (2012).

第5章　腐食の化学

5.1　腐食とは

腐食は材料の経年劣化という意味もあるが，通常は金属材料が酸化して腐食生成物である錆に変わることを示す場合が多く，ここでもその定義で進める。基本的には拡散などの遅い速度で進行する反応であり，通常は年オーダーの時間で変化していく現象である。

原子力施設の廃止措置においては，既に長い年月を運転し続けたことによる腐食劣化が起きている。それに加えて，構造物を廃棄できる形に加工する際の腐食問題，さらには解体した後に出てくる廃棄物を処分するまでの保管がそれぞれ通常は数年オーダーの期間を有する。その際の腐食劣化の問題，さらにはそれらの廃棄物の処分における腐食劣化の問題が存在する。それぞれ，健全性を期待される期間が異なるので，腐食劣化の進行速度に対する考え方が異なる。具体的には，処分においては，1000年オーダーの時間経過での腐食劣化が問題となるが，保管時には10年オーダーの腐食劣化を考えることになる。ここでは処分環境以外における，10年程度の比較的短時間の腐食を中心に考える。

金属は構成元素が価数0の状態にある結晶でほぼ構成されている。腐食は，金属元素の価数が0からプラスに変化する酸化反応により起きる。この反応は外部からの酸化剤により進行する。気体による酸化も腐食の一部と考えられるが，多くの場合は高温で起きるために高温酸化と腐食とは区別されて呼ばれる。廃炉の環境において起きる腐食はほぼ水溶液中の酸化反応であるので，その点に絞って記載する。

5.2　腐食と電気化学
5.2.1　腐食反応の平衡論

水溶液中での酸化反応として，代表的な金属である鉄で考えると，(5-1)の鉄がイオンとして溶解する反応になる。この反応は電気化学反応であり，Feが溶けることにより金属側に電子を放出するものでアノード反

応と呼ぶ。この反応の逆反応（5-2）を考えると電子を受け取るカソード反応となる。

$$Fe \rightarrow Fe^{2+} + 2e^- \tag{5-1}$$
$$Fe^{2+} + 2e^- \rightarrow Fe \tag{5-2}$$

(5-1)，(5-2) の電気化学反応が平衡状態にあると考える。反応に関与する全ての化学種が標準状態にある電極電位を E^0 として，平衡電位 (E_{eq}) はネルンスト（Nernst）の式 (5-3) で示される [1,2]。

$$E_{eq} = E^0 + \frac{RT}{nF} \ln \frac{a_{ox}}{a_{red}} \tag{5-3}$$

ここで，n は反応に関わる電子数，F はファラディ定数，R は気体定数，T は温度（K），a_{ox}, a_{red} は酸化体，還元体の活量をそれぞれ表わす。E^0 は反応式の標準生成ギブスエネルギー変化（ΔG^0）の値より，($E^0 = -\Delta G^0/nF$ の関係を持つ。また，それぞれの電気化学反応の平衡電位（E_{eq}）は，(5-4) で示す水素発生反応が Pt 電極上で水素ガスが 1 気圧の活量を持つ場合の電位を 0 V として決められていて，それとの比較で，0.0 V vs. SHE のように示す。

$$2H^+ + 2e^- \rightarrow H_2 \tag{5-4}$$

実際の電気化学試験では，標準水素電極は取り扱いが困難なので，市販されている飽和銀 - 塩化銀（SSC）電極や飽和カロメル（SCE）電極などを用いて行うことになるが，SHE との差は，25°C でそれぞれ，0.196 V (vs. SSC)，0.244 V (vs. SCE) になる。

ところで，平衡電位の式 (5-3) について，Fe^{2+} イオンの濃度を $[Fe^{2+}]$ mol/dm^3 とし，活量係数 $\gamma = 1.0$ とし，ΔG_0^f をハンドブックに記載されて

いる熱力学データ［2］より読み取り計算すると，

$$E = E_0 + 0.059 \log [Fe^{2+}] \quad E_0 = -0.409 [V] \tag{5-5}$$

が得られる。同様に，Fe の水酸化物である Fe(OH)$_2$ については，反応式 (5-6) と平衡電位 (5-7) がそれぞれ求まる。ここで pH = $-\log[H^+]$ である。

$$Fe + 2H_2O \rightarrow Fe(OH)_2 + 2H^+ + 2e^- \tag{5-6}$$

$$E = E_0 + 0.059\,pH \quad E_0 = -0.063 [V] \tag{5-7}$$

(5-5) や (5-7) 式は，電位を縦軸に pH を横軸に取ると直線で示されることになり，この直線がそれぞれの化学種の安定域の境界線と考えられ，電位-pH 図として多用されている溶液中の化学種の平衡状態を示す状態図である。Fe の電位-pH 図を図5.1に示す［2］。ここで，図中ⓐとⓑは H$_2$O の分解による酸素発生と水素発生の平衡状態を示し，大気圧下ではこの点線の間が，H$_2$O が安定に存在する領域である。またイオン種の濃度は

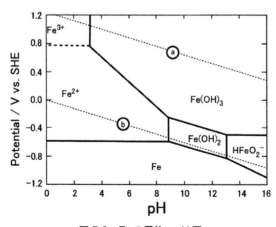

図 5.1　Fe の電位－pH 図

第1部　基礎編

全て $1.0 \times 10^{-6} \mathrm{mol/dm^3}$ としている。図から Fe^{2+} と Fe^{3+} は電位が高くなると安定域が変化することや，$Fe(OH)_2$ は中性の pH で析出してくることなどが分かる。電位−pH 図は多くの金属や化合物に対して，またイオン種の濃度も変化させてハンドブック等に示されている［2］。

5.2.2　腐食反応の速度論

式（5-1）に示した Fe の溶解反応は，この反応だけでは電子が金属側に過剰になるので持続して反応が進まない。そのために電子を受け取る反応と対となって起きることで反応が継続する。学生実験等でよく知られている硫酸中に鉄を入れると水素を出して鉄が溶ける反応では，（5-4）で示した水素イオンの還元反応と（5-1）で示した Fe の溶解反応が対になって起きている。

この鉄が硫酸水溶液に溶けて水素が発生する電気化学反応は2つの種類があり，そのイメージを図5.2に示す。1)は電池であり，2)は腐食反応である。どちらも Fe がイオンに変わり電子を放出するアノード反応と水素イオンが水素ガスとして放出されるカソード反応が組み合わされているが，1)では電極間を導線で結ぶことでそこに電気が流れて電池を形成する。これに対して腐食反応では，アノード反応とカソード反応が同じ金属表面で起きるため，電子は金属内を流れていて外部から検出できない。ま

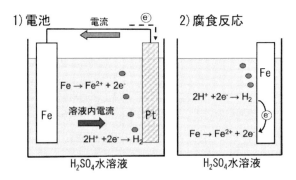

図5.2　硫酸水溶液中での Fe の反応

た 1) では 2 つの電極には電位差が生じるが，2) では 1 つの電極なので電位差は外部からは計測できず，同じ電位と考えられている。2) で示した例の様に，2 つ以上の電極電位が 1 つの電極内で混ざり合って存在する考え方を，混成電位（Mixed Electrode Potential）と呼んでいる [3]。

ところが，腐食反応が起きている電極の電位や電流が計れないのでは無く，この金属電極の外部に別の電極（対極と呼ぶ）を配置し，さらに金属電極の電位を基準となる電極（参照電極）で測定しながら対極と金属電極間の電圧を変化させると，図 5.3 のようなグラフを得ることができ，これを分極曲線と呼ぶ。分極曲線は電極電位に対して対極と金属電極間に流れた電流の絶対値の対数をプロットしたもので，実測されるデータは図中の太い黒線で示したものである。電極電位が低い場合には，対極から金属電極への電流（負の電流）が流れ，途中で電流値はほぼゼロになり，それより電極電位が高くなると今度は正の電流が流れる。これら 2 つの曲線は図中で 2 つの直線に近似でき，2 つの直線が交わる点の電位を腐食電位（E_{corr}），電流値を腐食電流密度（I_{corr}）と呼ぶ。2 つの近似直線は E_{corr} と電極電位の差を過電圧（η）とすると，(5-8) の関係があり，この関係式をターフェル（Tafel）の式，また b は直線の傾きを示す値として

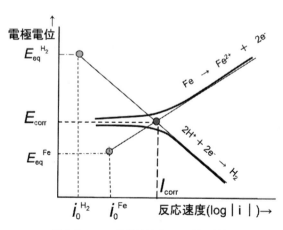

図 5.3　Fe の硫酸溶液中での分極曲線

Tafel 勾配と呼ぶ。

$$\eta = a + b \cdot \log(|i|) \tag{5-8}$$

図中に示した,アノード,カソードターフェル式が平衡電位とそれぞれ交わる電流密度 ($i_0^{H_2}$, i_0^{Fe}) は,交換電流密度と呼ばれ,電気化学反応が平衡状態にある時に流れると考えられる電流値である。腐食電位から水素発生や Fe の溶解反応の平衡電位までの部分は腐食電流よりも小さいカソード電流やアノード電流が図中で描かれる。この電流値は内部電流と呼ばれており,検出はできないが実際にはその値も重要な時がある。

図5.2の2)に示した腐食反応では,電極表面で水素ガス発生が生じるため,水素ガスの気泡が電極表面を覆うことで腐食速度が小さくなってしまう。化学反応も含めて反応は,最も遅い速度のプロセスによりその反応速度が決まってしまう。これを反応の律速過程と呼び,電気化学反応に関してのイメージを図5.4に示す。図5.4a)は,カソード反応が腐食速度を決めるカソード律速過程である。カソード律速で良く知られているのは溶液中に存在する O_2（溶存酸素;DO）を消費する反応である。DO は 25℃,常圧で 8ppm 以下しか水溶液中に溶け込まないため,腐食により電極表面で消費された酸素を補うことが必要で,溶液内の DO が電極表面まで移動する過程が還元反応速度を律速するカソード反応律速であり,特に DO の拡散による場合は,酸素拡散律速と呼ばれる。

図5.4b)はアノード律速過程を示す。アノード律速でよく知られているのは,金属の不働態化現象である。金属が腐食した場合に,ステンレス鋼などの不働態化し易い金属では表面に緻密な酸化物皮膜を形成して金属の溶解反応（アノード反応）が起き難くなり,腐食速度が低下する。不働態化し易い金属は,ステンレス鋼の他,チタン,ジルコニウム,アルミニウム合金などがある。

また,図5.4c)は抵抗律速過程を示す。腐食反応が進行するためには,アノードとカソードの反応が対になって進行するために,溶液中をイオン

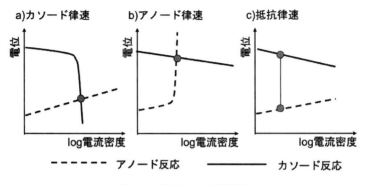

図5.4 腐食反応の律速過程

が移動することによる電流が流れる必要がある。そのため,溶液中での電流の流れが腐食速度を決めることになる。溶液中の電流の流れを決める指標は溶液の導電率（Conductivity）である。導電率の単位（S/m）でS；ジーメンスは（$1/\Omega$）で抵抗の逆数であり,抵抗が大きいと導電率は小さくなり電流が流れ難くなる。その場合に抵抗律速と呼ばれる。その例としては,鉄を水溶液中に浸漬した場合に3％NaCl水溶液では簡単に腐食するが,導電率の低い高純度水中ではそれほど腐食しなくなることがある。

不動態皮膜を形成する金属について,$0.5\,\mathrm{mol/dm^3}$硫酸水溶液中でアノード分極した結果を図5.5に示す[4,5]。Fe, Cr, Niに関して,電位の上昇に伴い大きな腐食速度を示すピークが存在し,その後低い電流密度で維持される不動態領域が認められる。さらに電位が高くなると再び電流密度が上昇している。SUS304（18％Cr − 8％Ni）鋼では,Crの電流値の変化に比較的近く,小さいピーク電流値を示し,不動態の電流密度はCrと同様に近く,Fe, Cr, Niそれぞれの金属の特徴をうまく受け継いでいる。

腐食した量を評価する指標として腐食量が用いられる。腐食量の単位にはいくつかの種類があり,使用する側の利便性を考慮して使われる。基本的な単位としてSI系で,[$\mathrm{g\cdot m^{-2}\cdot h^{-1}}$]が用いられるが,汎用的には[mm/y]が用いられることが多い。また,前項で示したように腐食反応が電気化学

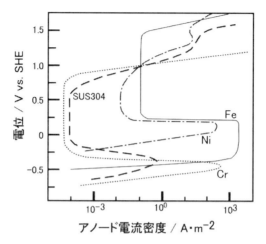

図 5.5 0.5 mol/dm³ 硫酸水溶液中の Fe, Cr, Ni 及び SUS304 鋼の分極曲線
([4] と [5] を参考に作図)

表 5.1 腐食速度の換算表

単位	鉄	SUS304	Al
$\mu A \cdot cm^{-2}$	10	10	10
$g \cdot m^{-2} \cdot h^{-1}$	0.104	0.094	0.035
mdd [$mg \cdot dm^{-2} \cdot d^{-1}$]	25.0	22.5	8.05
mm/年 [$mm \cdot y^{-1}$]	0.116	0.102	0.109

反応であることにより，腐食反応の電流密度 [$\mu A/cm^2 = 10^{-2} A/m^2$] が用いられることもある。これらの単位は換算可能ではあるが，金属毎に密度が異なっているために少し複雑な計算が必要となる。典型的な金属である，鉄，SUS304，Al について，腐食電流密度が $10\mu A/cm^2$ (25℃) を換算した値を表 5.1 に示した [2]。表より，腐食電流密度と重量換算では金属間の差が大きいが，厚さ換算では違いが小さいことが分かる。

5.3 腐食の分類

腐食を分類する際に，外観上で分類することが分かり易いので多用される。例えば，全面腐食（General Corrosion）と局部腐食（Localized Corrosion）に分類することがある。全面腐食は文字通り金属の全面が腐食している状況で，局部腐食は多くの部位での腐食が認められないが，ある一部分だけが腐食している状況を示す。しかしながら，この分類では腐食現象と関連がないのでその進行過程が明確でなくなる。例えば，純 Al の板が NaCl 水溶液中で腐食した場合には，全面に白錆が形成されるが，その表面を顕微鏡で見てみると小さな孔状の腐食部（孔食）が数多く形成していることが見られる。それに対して炭素鋼を NaCl 水溶液で腐食させると，孔食ではなく全ての面が腐食する。ここでは，腐食の原因やその進行過程に基づいて以下の様に分類する。

5.3.1 均一腐食と局部腐食

均一腐食は金属が全面でほぼ一定の腐食速度で腐食し続ける状態である。図 5.6 に，均一腐食と局部（不均一）腐食を比較して示す。図 5.6a）の均一腐食では，表面でアノードとカソードがほぼ均一に分布し，かつ時間と共に入れ替わりながら腐食していくため，時間と共に全面がほぼ同じ腐食速度で腐食していくことになる。これに対して局部腐食では，アノードとカソード部が分かれて存在し，また時間的に変化せずに腐食し続ける。その結果，腐食が局所的に集中して起きる。そのため局部腐食と呼ばれる。

均一腐食の代表的な例は，既に示した硫酸水溶液中の鉄の腐食や海水中での鉄の腐食がある。ほぼ一定の腐食速度で腐食が進むが，腐食が進むと表面が腐食生成物（錆）で覆われるために，錆層の影響で少しずつ腐食速度が低下することも起きる。

局部腐食は，図 5.6b）で示すように，アノードとカソードが分かれて存在する。またこれが時間的に変化せずに腐食するので，アノード部の腐食がどんどん進んでいく。図で示すように金属面の一部で孔状の腐食が形成

第1部　基礎編

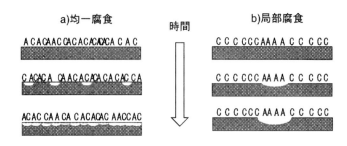

図5.6　a) 均一腐食と b) 局部（不均一）腐食
（A：アノード，C：カソード）

されるので孔食と呼ばれる。孔食が起きる金属は Al やステンレス鋼が代表的である。金属表面に不働態皮膜が形成され腐食は抑えられているが，表面の一部に不純物などが存在するとその部分だけが局部アノードとなり徐々に成長して孔食になる。孔食は発生から数十 μm の球形上に成長し，多くの場合はそこで成長が止まり再不働態化する。しかし，条件次第では成長を続けることが示されている [6]。

すきま腐食はステンレス鋼でよく見られる腐食現象である。例えば塩化物イオン濃度の高い溶液をステンレス鋼管製のパイプで輸送する際にフランジ接続を行って使用すると，フランジ部のステンレス鋼表面とガスケット材料との微小なすきま部でステンレス鋼がすきま腐食を起こして内部溶液が流出することが起きる。その際のすきま腐食の発生はガスケットの材料にも依存する [7]。

すきま腐食が進行している時のイメージを図 5.7 に示す。ステンレス鋼表面に 10μm 程度のすきまが形成されると，比較的短時間にすきま内の酸素が消費されてすきま内は酸素が欠乏した状態になる。すると，すきま内をアノード，外部をカソードとした腐食が進行する。その結果，溶出した金属イオン（特に Cr^{3+} イオン）の加水分解反応（5-9）により pH が低下する [8]。

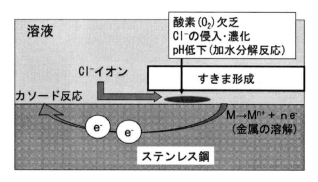

図5.7 すきま腐食のイメージ

$$Cr^{3+} + 3H_2O \rightarrow Cr(OH)_3 + 3H^+ \qquad (5\text{-}9)$$

またすきま部ではアノード溶解が進み,電気的中性条件を保つために外部よりアニオンがすきま部に侵入する。特にCl^-イオンは濃度の増加に伴い,アノード溶解を加速する[10]。pHの低下やCl^-イオンの上昇は,どちらもすきま腐食を進行させる方向に働き,前述の孔食に比べてすきま腐食は進行を止めることが難しい。

さらに近年の研究では,すきま部を直接観察して,その成長過程等を明らかにすることが進められ,すきま内部の部位毎の腐食の進行過程や溶液組成等が詳細に解析されている[11,12]。

5.3.2 マクロセル腐食

実際の環境で電池を形成して腐食することは頻繁にある。例えば,ステンレス鋼と鉄の板が接触した状態で溶液に接すると,ステンレス鋼はカソードになり鉄がアノードとなり腐食する。前節の局部腐食と類似ではあるが,もっと大きなサイズで電池を形成するということでマクロセル腐食と呼ぶ。異なる金属材料が電池を形成するので,異種金属接触(ガルバニック)腐食とも呼ばれる。ただし,同じ材料が異なる環境で電池を形成

して腐食することもあるので，それらを含めてマクロセル腐食がより広い意味を持つ。同じ材料でのマクロセル腐食では，鉄筋がコンクリートから露出している部分が激しく腐食する場合や，空気の通りやすさで鉄がマクロセル腐食を起こす通気差による腐食などがある。

　海洋構造物等の防食法として，AlやZnの電極を鋼材に接触させて防食する電気防食法もマクロセル腐食の一例と言える。マクロセル腐食は溶液中の電気の流れ易さが腐食の駆動力を決める抵抗律速になるので，海水中では考慮すべき腐食現象であるが，塩濃度の低い淡水では影響は小さくなる。溶液中の電流分布が腐食速度を決定づけるので計算で腐食影響を求めることも行われている［13］。

5.3.3　割れを伴う腐食（応力腐食割れ，水素脆化）

　腐食により起きる具体的な問題として，腐食による板厚減少で金属容器に孔が開き内部の液体が流出すること，もしくは板厚減少による強度低下で破壊に到ることである。この様な場合に，腐食現象と外力が重なって作用するとより短い時間で劣化につながることがある。局部腐食と外力とが合わさって起きる割れ現象が応力腐食割れ（SCC; Stress Corrosion Cracking）と呼ばれる現象であり，腐食により生じた水素が材料を脆くして割れにつながる現象を水素脆化（HE; Hydrogen Embrittlement）割れと呼ぶ。

　SCCは比較的耐食性が優れると考えられてきたオーステナイト系ステンレス鋼において，Cl⁻イオンが存在する環境で数多くの損傷事例が発生し，その発生機構や評価試験の議論が進められてきた［14］。そのような経験を踏まえて対策として用いられた低炭素ステンレス鋼やNi基合金において，軽水炉で発生する事例が定期検査時に認められたため，その発生事例の解析による原因究明と，さらには対策も進められてきた［15～19］。しかしながら，環境の変化などで起きる可能性はあるので，診断を行っていくことが重要である。また，再処理施設の溶解槽等で用いられているジルコニウムが条件によってはSCCを起こすことも報告されている［20, 21］。

鋼の表面で（5-4）式の水素発生反応が起きている場合，大半の水素はガスとして気中に放散されるが，一部の水素はガスとして放出されずに鋼中に水素原子として侵入することが知られており，その比率は，10^{-2} から 10^{-3} 程度と示されている［22］。鋼中に侵入した水素は金属結晶のすきまを拡散して抜けていくが，一部は金属内部でトラップされる（トラップ水素と呼ばれる）。HEは，このトラップ水素が金属の脆化を加速し割れにつながることで起きる［22］。炭素鋼では高強度材で水素割れが起き易く，特に高強度ボルトでは問題となっている［23］。また機構は少し異なるが，ステンレス鋼やTi合金などでも水素脆化が起きることが知られている［24］。

5.3.4 微生物腐食

腐食が微生物により加速されることは，古くより知られている。特に嫌気性菌である硫酸塩還元菌は硫化鉄を生成することで腐食を促進する。また，好気性菌として直接鉄を酸化させる鉄酸化細菌の存在も知られていた［25］。しかしながら，微生物腐食が発生する際には全面的な腐食でなく局部的な腐食が起きることや，類似する環境条件において，微生物腐食の発生有無に大きな差異があることなどに関しては，十分に分かっていない部分が多かった。

近年，微生物の種類をDNAの解析により細かく分類する手法が適用されるようになり，硫酸塩還元菌の中のある種の細菌が腐食を加速する作用を持つことが明らかになってきている［26］。微生物腐食の特徴として，水の流れが弱く滞留しているような状況で起きやすいことがあるので，長期間水を保管するような環境では注意が必要である。

5.4 廃炉において考慮すべき材料とその腐食現象

金属材料にとって腐食は大きな劣化要因であるため，プラントなどの設計に当たっては，運転期間中における腐食劣化は材料を選定するための基本的な考え方である。また，運転の条件や機器構成なども，できるだけ腐

食を起こさないように設定されている。しかしながら，廃止措置（廃炉）の環境における腐食現象までを考慮した材料の選定は全く行われていないと言える。このことは，通常の運転条件では十分な耐食性を発揮してきた材料が，廃炉工程において異なる環境条件に曝されることで，腐食が加速する可能性が十分にあるということを意味する。

さらには，事故を起こした1Fにおいては，材料の腐食にとっては，非常に厳しい腐食環境にさらされる可能性があることになる。そのような観点に立って，廃炉において考慮すべき材料と腐食現象について示す。

5.4.1 炭素鋼・低合金鋼・鋳鋼

原子力施設において使われている金属材料で最も多く使用されているものが炭素鋼である。Feは炭素鋼の主要元素であるが，Feのみでは強度が低く構造材料には使えないので，0.1%程度の炭素（C）を合金化させた鋼として，建屋の鉄筋，原子炉格納容器や配管などで多く用いられている。また，高温での強度等を考慮して微量の金属元素（Cr, Ni, Mo等）を添加して製造した低合金鋼も圧力容器などで用いられている。さらに，配管の継ぎ手やバルブ類は鋳鋼で作られている。これらの材料は，約98%以上の成分がFeなので，腐食の特性という観点からはFeと考えてそれほど大きな違いはない。そのため，溶存酸素の還元反応をカソードとした均一腐食が最も起こりやすいと考えられる。対応策として，溶存酸素を減らす脱気処理が腐食の低減に大きな効果を示すが，それができない場合は，溶液の導電率を減らすことが腐食を低減させることに効果がある。また長期間滞留水に触れている状態では，微生物腐食の発生も懸念されるので，水質の管理などはこまめに実施する必要がある。

建屋に使われている鉄筋はセメントモルタルの中に埋め込まれているので，その状態では不働態状態でありほとんど腐食しないが，解体や事故などで外部に露出した場合には炭素鋼としての腐食が進む。また，セメントモルタルに埋まっている状態でも，長期間放置することでモルタル内にき裂が生じることがあるので，内部で腐食が進みコンクリート全体の強度が

落ちる可能性がある．解体までの期間に建屋としての健全性が必要な場合には適切な管理を行う必要がある．

5.4.2　ステンレス鋼

ステンレス鋼は，運転時の高温高圧条件でも十分な耐食性を持つことを目的に使用されており，また原子力発電炉用仕様の一般的なプラントよりも高性能の材料が使用されているので，廃炉工程の環境では腐食はほとんど進まないし，SCC 等も起きないと考えられる．しかしながら，運転中のように溶液の管理が十分行えないことで塩化物イオンによる孔食やすきま腐食の発生には注意が必要である．とりわけ，放射性物質を内包した容器として使用する場合には，孔食やすきま腐食で当該溶液の漏洩につながらないように管理を十分にする必要がある．

5.4.3　その他の金属

原子力発電炉の材料としては，高耐食性が期待される Ni 基合金が PWR の蒸気発生器などに用いられている．高温での耐食性が期待される材料であり，廃炉工程ではほとんど腐食することはないと考えられるが，導電率の高い溶液中で炭素鋼などと接触する場合には，Ni 基合金をカソードとして炭素鋼が腐食するマクロセル腐食が起きることが考えられる．

燃料被覆管には熱中性子放射化断面積の小さいジルコニウム合金が用いられている．また，熱交換器などにはチタンやその合金が使用されている設備も多々ある．ジルコニウムもチタンも水素化物を生成し易く，割れを起こすことも知られている [27, 28]．

5.5　放射線の腐食への影響

放射線は水と反応して溶液中で各種の放射線分解生成物を作る．その中で腐食に影響を与えるのは過酸化水素や酸素などの酸化剤，並びに水素であり，それ以外の化学種は腐食反応にはほとんど影響を与えない．既に述べたように，酸化剤はカソード反応を促進するために腐食速度を大き

第 1 部　基礎編

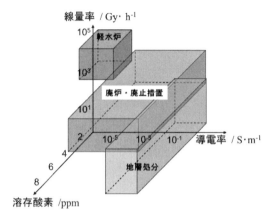

図 5.8　対象となる放射線環境のイメージ
（[29] を参考に作図）

くする作用がある。放射線による腐食に対する影響は，運転中の軽水炉と地層処分における核種移行などの評価のために，数多くの研究が行われている。しかしながら，廃炉・廃止措置を前提に放射線影響の研究をした例は少なく，かつ腐食の影響を検討した例は無かった。

　佐藤らは，1F 事故後の対策を検討するために，放射線下の腐食データベースを整理した [29]。その中で，1F での環境と従来多くの研究例のある運転中の軽水炉や地層処分環境のデータとを比較している。図 5.8 は彼らのデータを廃炉・廃止処置に対して見直した図を示す。図中の軽水炉の領域は運転中の軽水炉環境を示し，放射線の線量率は非常に高いが水質が低イオン濃度で低 DO 濃度環境に制御されている。また，地層処分の領域は線量率が非常に低い。これは高レベル放射性廃棄物をある程度長期の時間を経過させて冷却してから分厚い金属製のキャニスターに閉じ込めているためである。その反面キャニスターの外は地中の環境であり，埋設初期には高い DO 濃度で推移し，その後長期間で脱気環境に変わる。また外部の溶液は土質にもよるが高い導電率を持つ地下水環境である。そのため地層処分では放射線の影響は限られている。

これに対して，廃炉・廃止措置環境においては，運転中の軽水炉ほどの高い線量率ではないが，数 Gy/h 程度の線量率を持つ場合がある。特に汚染水などを処理した吸着剤や燃料デブリ等は高い線量率を有している。また，溶液特性も脱気されている溶液から大気開放されているものまで，イオン濃度も制御されていない場合が多く，非常に広い領域での放射線影響を考慮しなければならない。

この様な領域での腐食に対する放射線の影響には，炭素鋼の腐食加速がある。Nakano らは，薄めた海水を模擬した溶液で炭素鋼の腐食速度に対するガンマ線照射の影響を評価し，ガンマ線照射の線量率の増加で腐食速度が増加すること，また脱気環境よりも大気環境での腐食速度の増加が大きいことを示している［30］。この作用は，ガンマ線照射により生成された過酸化水素（H_2O_2）や酸素などの酸化剤が腐食を加速するためと考えられている。［29, 31］

また，ステンレス鋼に対しては放射線の影響が電位の上昇につながることが示されている［32］。加藤らは，使用後のセシウム吸着塔を考慮した実験系でゼオライトと接触した状態のステンレス鋼にガンマ線照射を行い，電位変化を評価している。その結果，溶液に接した状態でガンマ線照射を行うと H_2O_2 が生成され，ステンレス鋼の電位は上昇して局部腐食発生の懸念が増加する。しかし，ゼオライトと接触している場合には，ゼオライトによる H_2O_2 の分解作用が起きて，電位の上昇は小さく押さえられ，局部腐食のリスクは低いことが示されている［33］。

ここでは，放射線の腐食への影響を2つの例で示したが，放射線の影響は線種の違いや放射性物質の存在状態等により異なるので，廃炉・廃止措置においては様々な条件が存在することを考慮して，それぞれのリスクを十分に評価する必要がある。

［参考文献］
［1］水流　徹,「腐食の電気化学と測定法」, 丸善, 17 (2017)
［2］腐食防食協会編,「腐食防食ハンドブック CDROM 版」付録, 丸善, (2005)

第1部　基礎編

[3] 玉虫怜太,「電気化学　第2版」, 東京化学同人, 103 (1991)
[4] 伊藤伍郎,「腐食科学と防食技術」, コロナ社, 187 (1969)
[5] 佐藤教男,「電極化学 (下)」, 日鉄技術情報センター, 307 (1994)
[6] 八代　仁, 野呂　互, 丹野和夫, 材料と環境, 43, 422-427 (1994)
[7] 辻川茂男, 柏瀬正晴, 玉置克臣, 久松敬弘, 防食技術, 30, 62-69 (1981)
[8] 小川洋之, 伊藤　功, 中田潮雄, 細井祐三, 岡田秀彌, 鉄と鋼, 63, 605-613 (1977)
[9] 山辺　稔, 鈴木紹夫, 北村義治, 防食技術, 23, 85 (1974)
[10] 佐藤教夫,「電極の化学」, 日鉄技術情報センター, 435 (1994)
[11] 青木　聡, 名田有史, 酒井潤一. 材料と環境, 64, 366 (2015)
[12] 松橋　亮, 野瀬清美, 松岡和巳, 梶村治彦, 伊藤公夫, 材料と環境, 65, 143 (2016)
[13] 山本正弘,「マルチフィジックス計算による腐食現象の解析」, 近代科学社 Digital, 104 (2022)
[14] 辻川茂男, 材料と環境, 47, 2-14 (1998)
[15] 米澤利夫, 金属, 73, 727-730 (2003)
[16] 山本道好, 金属, 73, 731-734 (2003)
[17] 鈴木俊一, 材料と環境, 48, 753-762 (1999)
[18] 高松　洋, 材料と環境, 48, 763-770 (1999)
[19] P. L. Andresen, Corrosion, 64, 439-462 (2008)
[20] Y. Ishijima, C. Kato, T. Motooka, M. Yamamoto, Y. Kano, T. Ebina, Mater. Trans., 54, 1001-1005 (2013)
[21] A. Beavers, J. C. Griess, W. K. Boyd, Corrosion, 36, 292-297 (1981)
[22] 南雲道彦, 材料と環境, 56, 380-389 (2006)
[23] 大村朋彦, 櫛田隆弘, 中里福和, 渡部　了, 小山田巌, 鉄と鋼, 91, 478-484 (2005)
[24] 南雲道彦,「水素脆性の基礎」, 内田老鶴圃, (2008)
[25] 腐食防食協会編.［エンジニアのための微生物腐食入門』, 丸善, (2004)
[26] 若井　暁；材料と環境, 70, 3-9 (2021)
[27] 水野忠彦, 延與三知夫, 電気化学, 63, 719-725 (1995)
[28] 沼倉　宏；日本金属学会会報, 31, 525-534 (1992)
[29] 佐藤智徳他；JAEA-Review 2021-001 (2021)
https://jopss.jaea.go.jp/pdfdata/JAEA-Review-2021-001.pdf
[30] J. Nakano, Y. Kaji, M. Yamamoto T. Tsukada; J. Nucl, Sci. Tech., 51, 977-986 (2014)
[31] 佐藤智徳, 小松篤史, 中野純一, 山本正弘；材料と環境, 70, 497-491 (2021)
[32] 加藤千明, 佐藤智徳, 中野純一, 上野文義, 山岸功, 山本正弘；日本原子力学会和文論文誌, 14, 181-188 (2015)
[33] 加藤千明, 山岸　功, 佐藤智徳, 山本正弘；材料と環境, 70, 441-447 (2021)

第 6 章　除染の化学

6.1　汚染と除染
6.1.1　汚染評価

　除染とは汚染と対をなすもので，化学汚染，細菌汚染等特定の系あるいは環境中に悪影響を与えるものが混入し（汚染），元の状態に戻す作業（除染）である。勿論，原子力においては放射能が対象であり，放射線を放出する能力をもつ放射性物質が汚染源になる。ここでは，まず汚染状態およびその評価について述べる。本章に関しては，既刊「ウランの化学(II)」[1] の第 9 章「汚染評価と除染」を参照されたい。

　A. D. Simon の「放射能汚染と除染の物理化学」(1975) という本がある [2]。同書は表面汚染の除染を主題として以下の目的で書かれている。

・表面除染問題の様々な側面を統一的な視点から一般化された形で論述する。
・放射性物質の保留（表面汚染）とその除去（除染）を律する諸プロセスの物理化学的論拠を明らかにする。
・除染過程を律する基本的な諸因子を確定する。
・除染問題に対する現今の研究方法，科学的成果を解析する。
・様々な物体の除染の特質を解明する。

　2022 年に発行された「原子炉水化学ハンドブック」[3] には第 10 章「除染」の項目がある。まず，「汚染」とは「水や空気，金属材料などが，放射能，細菌，塵などで汚れることである。」とし，「除染」とは金属をはじめあらゆる材料表面に付着する汚染を洗浄で除去し，清浄な表面を維持することにより色々な効率，製品歩留まり，さらには収益性が保たれるとしている。

　まず，汚染に関して検討する。表面汚染に関しては，放射性物質と表面との結合の形態により，その後の除染作業に影響する。

表 6.1 表面形態による ^{32}P 汚染の割合（%）[2]

分類	ガラス	銅	ベニヤ板	皮膚
非固着汚染	97.5	75.0	37.5	54.5
弱固着汚染	2.5	24.85	42.5	44.0
強固着汚染	0.001	0.15	20.0	1.5

汚染状態については表 6.1 のような分類がある。汚染状態としては非固着汚染以下，弱固着汚染，強固着汚染に分類できる。ガラスでは殆どが非固着汚染であるが，金属銅の場合，弱固着汚染が増加する。ベニヤ板では弱固着汚染が大きく，また，強固着汚染も発生する。皮膚の場合には主に非固着汚染と弱固着汚染である。従って，除染においては放射性物質の固着の度合をとる外見的徴候ではなく，表面汚染に随伴し，除染方法の根本となる物理化学的手法を検討する必要がある。表面汚染のプロセスとしては以下のようなものが挙げられる。

・固体粒子および液体粒子の付着
・同位体の吸着およびイオン交換
・深部への放射性物質の拡散および浸透

これらは表 6.2 のようにまとめられる。汚染の種類として，付着性，表面性および深部性に分類している。汚染の過程には付着やイオン交換，化学吸着，拡散等がある。汚染源には放射性固体，粒子，液滴，溶液に分けられる。対象には，発電所内の機器や施設外部表面，内部表面等がある。備考には，各汚染の特徴を記した。

表 6.2　表面汚染の物理化学的過程の分類

汚染の種類	汚染過程	汚染源	汚染対象	特徴
付着性汚染	付着	放射性固体, 粒子および液滴	原子力発電所機器	放射性物質と表面との間に分離境界が存在
表面性汚染	吸着, イオン交換, 化学吸着	放射性同位体溶液	原子力施設の外部表面	表面層の汚染
深部性汚染	拡散, 酸化被膜形成, 腐食	放射性同位体溶液	原子力発電所構造要素と内部表面, 塗料および高分子材料	深部層の汚染

6.1.2　除染の概念 [2]

次に, 除染に関する幾つかの指標を挙げる。例えば除染前放射能をA_N, 除染後の放射能をA_Kとすると, 分離効果を表す分離係数α_D（%）とβ_D（%）は以下の式で表される。前者は除去した放射能の割合を, また, 後者は除去した放射能の割合を示している。

$$\alpha_D(\%) = 100 \times A_K / A_N \tag{6-1}$$
$$\beta_D(\%) = 100 \times (A_N - A_K) / A_N \tag{6-2}$$

これらの分離係数から除染係数（DF, K_D）およびその対数表示であるD_Dは次式のように表される。化学分析では数桁におよぶ減少は少ないものの, 放射能測定では数桁から10桁におよぶ変化があり, 対数表記も有用である。

$$K_D = A_K / A_N \tag{6-3}$$
$$D_D = \log K_D = \log(A_K / A_N) \tag{6-4}$$

表 6.3 には除染効果に対するこれら指標の相互関係を示した。

第1部　基礎編

表6.3　除染効果に対する諸指標の相互関係

K_D	1	10	20	50	100	1000	10000
D_D	0	1	1.3	1.7	2	3	4
$α_D$	100	10	5	2	1	0.1	0.01
$β_D$	0	90	95	98	99	99.9	99.99

6.1.3　化学除染および他の除染法 [3-7]

　化学除染は大きく湿式除染と乾式除染に分けられる。それらの分類と特徴を表6.4に示す。湿式法は汚染表面から放射性物質を酸やアルカリ等の溶液を用いて溶解・除去するもので、固－液反応が主である。酸溶解法では、濃度や温度を変えて表面酸化物や金属そのものを溶解し、表面汚染物を除染する。電解研磨法では電解質溶液を用いて、陽極酸化により汚染物を溶解・除去する。溶出分がイオンの場合、陰極に析出して回収、あるいは不溶性の場合は堆積物として回収する。硫酸溶液中、金属表面にてCe(Ⅲ)⇔Ce(Ⅳ)のREDOX反応により表面汚染物を溶解、除去する方法もある。反応を活性化するため、Agラジカルを用いて、溶解、除去する酸－ラジカル法もある。

　これに対し乾式法は固体付着物をフッ素等による固－気反応により揮発性フッ化物等にして、分離・除染するものや、溶融塩中へ溶解分離する溶

表6.4　化学除染法の分類と特徴

分　類	方　法	特　　徴
湿式除染法	酸溶解法	塩酸等を濃度や温度条件により表面汚染物を溶解・除去
	電解研磨法	電解溶液内にて陽極酸化により汚染物を溶解・除去
	REDOX法	硫酸溶液にてREDOX反応（Ce(Ⅲ)⇔Ce(Ⅳ)）により溶解
	酸―ラジカル法	硝酸溶液中にてAgラジカルにより反応を高めて溶解
乾式除染法	フッ化揮発法	UF_6のような揮発性フッ化物を生成させて分離・除染
	溶融塩法	溶融塩中にて溶解度や電気化学反応により分離・除去
	溶融金属法	金属を溶融後、スラグと接触させ、分離・除去

融塩法がある。さらに鉄鋼等を珪酸塩等を添加して直接溶解，溶融金属－スラグ相を形成させ，この汚染物をスラグ相へ分離（スラグオフ）する方法もある。

(1) 湿式除染

化学法と電解法による除染効果を検討する。表6.5には浸漬法（化学法）と電解法との除染係数を対象核種毎に比較した例を示す［6］。ここで，被処理試料は不銹鋼製プレートとし，また，電解法はグリセリン溶液，電流密度 88 mA/cm^2 にて陽極法により実施している。浸漬溶液としては水よりも希硫酸，さらにはグリセリンが除染効果が高いことが分かる。化学法では2－3桁の除染係数であるが，電解法を用いると，3－4桁に高まる。^{125}Sb や ^{128}Au のように，化学法では除染が難しいものも，電解法では除染効果がみられる。

表6.5 浸漬法と電解法との除染係数の比較

対象 RI	浸 漬 法			電解法
	水	0.2N － H$_2$SO$_4$	グリセリン	
^{32}P	1.6	18	100	1000
^{59}Fe	1.1	24	250	1000
^{65}Zn	3.2	250	－	1000
^{90}Sr	2.2	59	77	200
^{141}Ce	2.4	62	167	∞
^{204}Tl	62	200	250	500
^{124}Sb	1.3	2.1	2.8	21
^{198}Au	1.1	1.1	1.8	500

表 6.6 各種除染法の比較

	名 称	方法	除染係数	温度（℃）	廃棄物等
物理除染	水流動研磨法	B_4C, 水	200-1660	室温	研磨剤, スラッジ, フィルター
	磁気揺動研磨法	電磁石, 磁性体針＋酸	> 3000	室温	磁性体針
化学除染	Sonatol プロセス	CnFm 溶媒＋界面活性剤	64-1213	—	溶剤のろ過, リサイクル
	フォーム法	酸（アルカリ）＋発泡剤	> 190	—	—
	酸洗浄法	塩酸	1000-10000	—	Cl_2 処理
	CORD 法	過マンガン酸, シュウ酸	～100	80-100	イオン交換樹脂
電気化学	電解研磨法	リン酸	1000-10000	80	イオン交換樹脂
		硫酸	> 10000	50-80	イオン交換樹脂
複合除染	CORD-UV 法	過マンガン酸, シュウ酸紫外線分解	～1000	蒸気加熱	イオン交換樹脂
	REDOX 法	硫酸＋Ce（Ⅲ）塩	～1000	80	イオン交換樹脂
	ラジカル法	HNO_3＋Ag（Ⅰ）	>1000	---	スラッジ, 樹脂

(2) 乾式除染

乾式除染は湿式除染が適用できない場合に用いられる。以下のような場合がある。

・除染対象容器に液相が馴染まない。

・対象物質が固体

方法としては表 6.4 に示したようにフッ化物揮発法や溶融塩法, 溶融除染法がある。

6.2 廃止措置における除染

ここでは, 廃止措置における「除染」について紹介する。原子力施設の廃止措置における「除染」は, 施設建家内の工程設備を解体撤去する前の設備系統を対象とした「系統除染」と, 設備を解体撤去して発生する解体廃棄物を対象とした「廃棄物除染」に分けられる。フロントエンドやバックエンドにける施設の「除染」は, 除染対象である設備機器の材料がほとんど放射化されていないため, 材料表面に存在する放射性物質の除去が対象となる。ただし, 各施設の設備機器は多種多様な構造, 形状,

第6章　除染の化学

材質等で構成され，また設備機器の材料表面に化学形態や物理形態の異なるウラン，プルトニウム，核分裂生成物等の放射性物質が付着している。なお，原子炉施設も含め核燃料サイクルにおける各施設の除染では，除去する放射性物質の化学組成や形態に違いはあるが，作業に用いる基本的な技術は同じである。また，原子力施設の廃止措置における除染は，作業員（放射線業務従事者）や周辺公衆の被ばく線量を低減するため，残存する放射性物質をできるだけ除去する目的であり，供用中の原子力施設における設備機器の保守点検や定期的な補修更新等の作業前に行う除染と変わらない。「除染」の方法として，化学的除染方法，機械的除染方法，その他の除染方法があり，以下に紹介する。

6.2.1　化学的除染法

化学的除染方法は，還元溶解，酸化溶解，酸溶解などに分類される。まず，除染の実績が多い原子炉施設を参照すると，核燃料表面で析出生成したクラッドと呼ばれる鉄，クロム，ニッケルの酸化物が炉水を媒体に流動等で脱離移行し，配管や機器の材料表面に放射性物質を取り込んだ状態でクラッドが付着堆積しており，このクラッド（酸化物）を除去している。原子炉施設の化学的除染方法を整理した例を，表6.7に示す [8]。

再処理施設の場合，使用済燃料を硝酸溶液に溶解して有機溶媒等によりウラン，プルトニウムを核分裂生成物等と分離し回収するなどの工程からなり，工程機器の材料表面はウラン，プルトニウム，核分裂生成物等の放射性物質と直接接触するため，工程機器の材料表面にウラン，プルトニウム，核分裂生成物等の放射性物質が残存する [9]。また硝酸溶液を取扱う再処理施設の設備機器は化学プラントと同様に腐食損傷が避けられないため，東海再処理施設では，腐食による設備機器の寿命評価 [10-12] や定期的な補修・更新 [13,14,15] 等を行っている。一般に再処理施設は硝酸溶液を取扱う機器材料にステンレス鋼を採用しているが，ステンレス鋼表面は腐食による肌荒れ（粒界腐食）が発生し [10-12, 16]，この腐食痕跡の粒界部等に放射性物質が残存する可能性が高い。一方，腐食環境

83

表 6.7 原子炉施設における化学的除染方法の概要 [8]

v	適用先	概要	代表的な薬品	個別技術
還元溶解	供用中	金属表層の鉄酸化物を溶解。金属母材に影響を及ぼさない。	シュウ酸、クエン酸、ギ酸、Lアスコルビン酸、バナジウム	LOMI (Low oxidation metal ion decon. process) 法:バナジウム、ギ酸、ピコリン酸 OX (Oxalic Acid) 法:シュウ酸
酸化溶解	供用中	通常還元溶解の前酸化処理で実施。金属母材に影響を及ぼさない。	過マンガン酸カリウム、過マンガン酸、オゾン	AP (Alkali permanganate):水酸化ナトリウム、過マンガン酸カリウム NP (Nitric acid permanganate):硝酸、過マンガン酸カリウム HP (Hydrogen permanganate) 過マンガン酸
酸化溶解	廃止措置/廃棄物	非常に強力な酸化剤により、金属表層を溶解。	Ce^{4+} (硝酸セリウム、硫酸セリウム)	セリウム4価オゾン再生除染法強力化学除染法(硝酸・セリウム除染法) 硫酸・セリウム除染法
酸溶解	廃止措置/廃棄物	酸により、金属表層を溶解。	硫酸、塩酸、硝酸ギ酸（炭素鋼の場合）	塩酸系除染法 硝酸法 ギ酸除染法
酸化/還元溶解	供用中	上記供用中の酸化溶解と還元溶解との組合せ。	酸化剤:アルカリ過マンガン酸カリウム 還元剤:シュウ酸、クエン酸	AP/還元溶解除染法
酸化/還元溶解	供用中（マルチサイクル）	上記供用中の酸化溶解と還元溶解との組合せ。	酸化剤:過マンガン酸、過マンガン酸カリウム、オゾン等還元剤:シュウ酸	CORD® (Chemical oxidation reduction decon. process) 法:シュウ酸、過マンガン酸 HOP (Hydrazine oxalic acid potassium permanganate) 法:シュウ酸、ヒドラジン、過マンガン酸カリウム T-OZON (Toshiba ozone oxidizing decontamination for nuclear power plants) 法（オゾン法）:シュウ酸、オゾン水
酸化/還元溶解	廃止措置/廃棄物	酸化溶解と還元溶解の組合せ。金属表層を溶解。	酸化剤:過マンガン酸 還元剤:シュウ酸	CORD®/D (CORD/decommissioning) 法:シュウ酸、過マンガン酸
酸溶解/酸化溶解	廃止措置/廃棄物	酸溶解と酸化溶解の組合せ。酸化剤の過マンガン酸カリはフッ化ホウ素酸との共存により金属表層を溶解。	酸:フッ化ホウ素酸、酸化剤:過マンガン酸、還元剤:シュウ酸	DfD (Decontamination for decommissioning) 法:フッ化ホウ素酸、過マンガン酸カリウム、シュウ酸

が厳しい機器は，表面に強固な酸化膜を形成して腐食が抑制できるチタン合金やジルコニウム等で製作されている [12,16]。これら材料製機器の耐久性を評価した結果，腐食損傷が軽減され，材料表面の酸化膜に溶液成分（放射性物質の模擬物質）が取り込まれないことを確認している [12]。ただし，実プラントの場合，材料表面に形成した酸化膜表面に微量の放

第6章 除染の化学

射性物質が残存することが想定され，廃止措置の除染作業において優れた耐食性を示す酸化膜の除去も想定しておく必要がある。

再処理施設の「除染」は，放射性物質で汚染された機器を化学的除染方法で除染した原子炉施設の実績等を参考にしており，東海再処理施設で調査した除染液の情報［17］を抜粋して記す。化学的除染方法に用いられる除染液を大別すると，①酸洗浄に用いる酸（表6.8参照），②酸化溶解に用いる酸塩類（表6.9参照），③過酸化シュウ酸（表6.10参照），④アルカリ過マンガン酸カリウム（表6.11参照），⑤その他（表6.12参照）となる。

表6.8 酸洗浄に用いる酸の除染液［17］

薬品	配合組成		使用条件		備考
	mol	g/L	h	℃	
リン酸（H_3PO_4）	1.3	130	1-4	85	ステンレス鋼と炭素鋼との溶接部における炭素鋼の電食抑制は困難。リン酸第一鉄被膜の沈着の除去は非常に困難。
シュウ酸（$H_2(COO)_2$）	0.9-1.0	90-100	1-4	80	シュウ酸溶液は十分に腐食抑制されていないと炭素鋼を腐食し，表面に膜状の不溶性沈殿物を形成。その後薬剤の効力が低下。
硝酸（HNO_3）	(10-35%) vol% conc. HNO_3		2-4	室温	ステンレス鋼に使用。炭素鋼は腐食大。FP除染に使用。
スルファミン酸（$HOSO_2NH_2$）	0.9	90	1-4	45-80	炭素鋼とアルミニウム系を除染する薬剤で最も効果的。フッ化物を効力増強剤で添加するとアルミニウムやジルコニウムは腐食急増。
硫酸（H_2SO_4）シュウ酸（$H_2(COO)_2$）Nフェニルチオ尿素（$C_6H_5NHCSNH_2$）	0.3 0.1 0.0026	30 9 1	0.4-1.0	45-70	炭素鋼やアルミニウム系の除染のみ使用。左記使用条件では，比較的，非腐食性。
クエン酸（$C_2H_4OH(COOH)_3 \cdot H_2O$）	3-10%		0.5-1	80	炭素鋼やアルミニウム系の除染に使用。アンモニア水 pH：4.5 で除去効果大。85-90℃で腐食急増。

表 6.9 酸化溶解に用いる酸塩類の除染液 [17]

薬 品	配合組成		使用条件		備 考
	mol	g/L	h	℃	
重硫酸ナトリウム ($NaHSO_4$)	0.15-0.75	15-90	1-4	30-85	炭素鋼とアルミニウムの除染に低濃度,低温で使用。ステンレス鋼除染のため AP 処理後のステップとして 90 g/L (9 %), 80 ℃ で使用。80℃以上で不均一な腐食の危険有。
クエン酸二アンモニウム $((NH_4)_2(HC_6H_5O_7)$	0.4	100	1-4	85-95	腐食抑制が施されていない場合は,炭素鋼に腐食性有。
クエン酸二アンモニウム $((NH_4)_2(HC_6H_5O_7)$	0.05	13	24	120	廃液中の固形分の量が少ないため,簡単な廃棄物処理の備えでよい。シッピングポートの PWR 除染に使用。
クエン酸二アンモニウム $((NH_4)_2(HC_6H_5O_7)$ EDTA $((-CH_2N(CH_2COOH)_2)_2)$ N フェニルチオ尿素 $(C_6H_5NHCSNH_2)$	0.4 0.012 0.03	100 0.4 4.5	1-4	85	フェニルチオ尿素又は他の腐食抑制剤は,炭素鋼の腐食減少に寄与。
シュウ酸 $(H_2(COO)_2)$ クエン酸二アンモニウム $((NH_4)_2(HC_6H_5O_7)$ 硝酸第二鉄 $(Fe(NO_3)_3 \cdot 9H_2O)$ ジェチルチオ尿素 $(C_2H_5NHCSNHC_2H_5)$	0.3 0.2 0.01 0.01	25 50 2 1	1-4	85	炭素鋼の腐食が非常に低く,炭素鋼の存在下でも非常に安定。数時間も炭素鋼に高温(85℃)接触後も沈殿を形成しない。
シュウ酸 $(H_2(COO)_2)$ クエン酸二アンモニウム $((NH_4)_2(HC_6H_5O_7)$ 硝酸第二鉄 $(Fe(NO_3)_3 \cdot 9H_2O)$ ジェチルチオ尿素 $(C_2H_5NHCSNHC_2H_5)$	0.03 0.02 0.01 0.01	2.5 5.0 2 1	2	室温	アルカリ・過マンガン酸カリウム溶液処理後の残余 MnO_4 還元と残余 OH^- 中和に前にフラッシング洗浄用に使用。

表 6.10 過酸化シュウ酸の除染液 [17]

薬 品	配合組成		使用条件		備 考
	mol	g/L	h	℃	
シュウ酸ナトリウム $(Na_2(COO)_2)$ シュウ酸 $(H_2(COO)_2)$ 過酸化水素 (H_2O_2) 過酢酸 (CH_3COOOH) 8-ヒドロキシキノリン (C_9H_7NO)	0.25 0.025 0.5 0.06 0.007	32 2.3 50* 5 1	1-4	80	炭素鋼,ステンレス鋼,インコネル,ジルカロイ-2,アルミニウムに使用。

第6章 除染の化学

薬品	mol	g/L	h	℃	備考
シュウ酸ナトリウム ($Na_2(COO)_2$) シュウ酸 ($H_2(COO)_2$) 過酸化水素 (H_2O_2) グルコン酸 ($C_6H_{12}O_7$) グルコン酸ナトリウム ($C_6H_{11}NaO_7$)	0.25 0.025 0.5 0.013 0.045	32 2.3 50* 2.5 10	1-4	80	同上。
シュウ酸アンモニウム (($NH_4)_2C_2O_4$) クエン酸アンモニウム (($NH_4)_2HC_6H_5O_7$) 過酸化水素 (H_2O_2)	0.4 0.16 0.34	50 38 35*	1-4	95	炭素鋼, ステンレス鋼, インコネル, ジルカロイ-2, アルミニウムに使用。炭素鋼表面の除染や錆取り, スケール除去に使用。
シュウ酸 ($H_2(COO)_2$) フッ化水素酸 (HF) 過酸化水素 (H_2O_2)	0.4 0.1 0.1-1.0	36 2 10-100*	1-4	90-95	放射性汚染の高温ガス (He 500℃) に曝されたステンレス鋼表面の除染用。ステンレス鋼, インコネルに使用。炭素鋼, ジルカロイ-2, アルミニウムは腐食大。
シュウ酸 ($H_2(COO)_2$) フッ化水素酸 (HF) 過酸化水素 (H_2O_2)	0.4 0.1 0.1-1.0	36 2 10-100*	1-4	95	上記液より腐食が著しく, 除去効果も高い。

*: 30%過酸化水素水溶液を使用。

表6.11 その他の除染液 [17]

薬品	配合組成		使用条件		備考
	mol	g/L	h	℃	
過酸化水素 (H_2O_2) スルファミン酸 ($HOSO_2NH_2$) アセトアニリド ($CH_3CONHC_6H_5$) EDTA (($-CH_2N(CH_2COOH)_2)_2$) ヘキサメチレンテトラミン (($CH_2)_6N_4$)	0.09 0.12 0.001 0.001 0.007	3 12 1.5 3.5 1	16	150	高温水に曝されたステンレス鋼ループ系の核燃料破損による汚染を伴う場合の除染に1液処理法で使用。炭素鋼は腐食性大。
過酸化水素 (H_2O_2) スルファミン酸 ($HOSO_2NH_2$) アセトアニリド ($CH_3CONHC_6H_5$) EDTA (($-CH_2N(CH_2COOH)_2)_2$) ヘキサメチレンテトラミン (($CH_2)_6N_4$)	0.88 0.4 0.011 0.011 0.007	30 40 1.5 3.5 1			同上。除染効率は高い。

第1部 基礎編

薬品	濃度	温度等1	温度等2	温度	備考
スルファミン酸 (HOSO$_2$NH$_2$) EDTA ((-CH$_2$N(CH$_2$COOH)$_2$)$_2$) ヘキサメチレンテトラミン ((CH$_2$)$_6$N$_4$) ヒドラジン (NH$_2$NH$_2$·H$_2$O)	0.25 0.012 0.007	25 3.5 1 5			高温水に曝されたステンレス鋼ループ系の除染に1液処理法で使用。
硫酸ナトリウム (Na$_2$SO$_4$)	0.25	30-40		室温	BWR一次系の除染対象に使用。
リン酸 (H$_3$PO$_4$) クロム酸ナトリウム (Na$_2$Cr$_3$O$_7$) 酢酸 (CH$_3$COOH)	1.5 0.7 0.2	150 210 12	0.5	75	低温軽水炉の一次系除染に使用。
過酸化水素 (H$_2$O$_2$) 重炭酸ナトリウム (NaHCO$_3$) 炭酸ナトリウム (Na$_2$CO$_3$) EDTA ((-CH$_2$N(CH$_2$COOH)$_2$)$_2$) 8-ヒドロキシキノリン (C$_9$H$_7$NO)	0.25 0.25 0.25 0.013 0.006	8.5 21 27 3.8 0.9	1-2	60	燃料要素破損後の除染ファーストステップでUO$_2$溶解に使用。特に比較的大きな粒子はシュウ酸-過酸化水素と同様に効果的でない。
硫酸第二クロム (Cr$_2$(SO$_4$)$_2$) 硫酸 H$_2$SO$_4$ フェニルチオ尿素 (C$_6$H$_5$NHCSNH$_2$)	0.5 0.1 0.006	200 10 1	0.4	85	低温軽水炉の一次系除染に使用。
硫酸第一クロム (CrSO$_4$·7H$_2$O) 硫酸 (H$_2$SO$_4$)	0.4 0.5	137 50	1-4	85	均質炉(HRE)一次系からの高温スケール、又はBWR一次系の頑強なスケール除去に使用。又、PWR一次系ステンレス鋼から沈着被膜除去にシングルステップで使用。
硫酸第二鉄 (Fe$_2$(SO$_4$)$_2$·9H$_2$O) フッ化水素酸 (HF)	0.1 0.75	60 15		75-80	ステンレス鋼の被膜除去やスケール除去に使用。
三酸化クロム (CrO$_3$)	0.01	1			UO$_2$溶解や除去に使用。
水酸化ナトリウム (NaOH) 酒石酸ナトリウム (Na$_2$C$_4$H$_4$O$_6$·2H$_2$O) 過酸化水素 (H$_2$O$_2$)	10.0% 1.5% 1.5%		24	室温	FPの^{95}Zr-^{95}Nb除去のため、硝酸との複合除染に使用。
フッ化水素酸 (HF) 硝酸 (HNO$_3$)	3.0% 20.0%		-2.5	室温	ステンレス鋼の被膜除去、FP除去に使用。腐食性大。短時間使用。
過ヨウ素酸カリウム (KIO$_4$) 水酸化カリウム (KOH)	1.0 2.0	230 112	2-6	90-100	ステンレス鋼のレッドスケール除去に使用。FP除去にも使用。

第6章　除染の化学

表6.12　アルカリ過マンガン酸カリウムの除染液 [17]

薬　品	配合組成		使用条件		備　考
	mol	g/L	h	℃	
水酸化ナトリウム (NaOH)* 過マンガン酸カリウム ($KMnO_4$)	2.5 0.2	105 32	1-2	105	通常は重量%水溶液で調整。 (100 g − NaOH + 30 g − $KMnO_4$ + 870 g − H_2O)
水酸化ナトリウム (NaOH) 過マンガン酸カリウム ($KMnO_4$)	1.0 0.07	42 13	24	120	廃液処理を考慮し固形残滓が少ない。シッピングポートのPWR除染に使用。

*：NaOHの代わりにKOHも使用可能。

表6.13　工程機器の除染に有効な除染液 [23]

工　程	有効な除染液の例
(1) 前処理	・0.1 M − $KMnO_4$ + 8 $MHNO_3$ の混合溶液
(2) ウラン抽出・溶媒回収	・$KMnO_4$ + HNO_3 の混合溶液 ・10% − H_3PO_4, 4 M − H_2SO_4 等（付着物の除去）
(3) プルトニウム精製	・$KMnO_4$ + HNO_3 の混合溶液

　海外の再処理施設で先行して廃止措置が進められている事例 [18] として，米国のウェストバレー再処理工場 [19]，ベルギーのユーロケミック再処理施設 [20]，フランスのUP-1再処理施設 [21]，ドイツのWAK再処理施設 [22] 等がある。1974年に運転停止したベルギーのユーロケミック再処理施設の廃止措置状況 [18] を確認すると，各工程機器の除染に有効な除染液は表6.13のようになる [23]。

　東海再処理施設では，1979年と1983年に酸回収蒸発缶の修復工事 [13] 及び解体撤去 [15] に先立ち，酸回収工程の設備機器の除染作業を行っている。除染作業を計画するにあたり，前述の情報を参考に行った除染作業と効果を表6.14に示す [17]。

　いずれの除染作業においても，個々の除染作業の組合せにより汚染部位の放射線量が大きく低減している。以上の酸回収工程における2回の除染作業の経験から，酸回収工程の支配的な核種である^{106}Ru，^{125}Sbの除去

表6.14　除染作業と効果 [23]

作業内容	効果	実施年
①HNO_3，NaOHによる交互除染 ②$KMnO_4$ + NaOH，EDTA・2Naによる除染	①スポット汚染以外の部位の放射線量が1/3に低減，NaOH）が^{106}Ru，^{125}Sbの除去に有効②スポット汚染部位の放射線量が1/10から1/25に低減	1979
①HNO_3，NaOHによる交互除染 ②$KMnO_4$ + NaOH，EDTA・2Naによる除染 ③NaOHによる除染	①から③の除染作業により，酸回収蒸発缶近傍における放射線量が1/6に低減	1983

に，NaOHやKMnO₄，EDTA・2Na（EDTA二ナトリウム塩二水和物）が有効であることを確認している [17]。

　過去に実施した東海再処理施設の設備機器の補修・更新に係る作業は，まず設備機器に残存する放射性核種や残存物の状態をサンプル採取や分析等によって把握し，残存物の除去に適した除染作業を選択して作業手順等を記した計画書を策定し，計画書に従って作業を遂行している。廃止措置における除染作業も，機器の補修・更新で行った除染作業と同様な手順で進められる。東海再処理施設の放射線管理は，施設内で働く作業員（放射線業務従事者）と周辺公衆の被ばく線量を合理的に実行可能な限り低く抑えることを基本方針としており [24, 25]，放射性物質を直接取扱う作業が増える廃止措置の除染作業では，これまでの施設運転時よりも丁寧な被ばく線量低減に向けた放射線管理が求められる。

　ここまで再処理施設の設備機器を化学的除染方法による除染について記したが，これらは設備機器を解体する前に行う「系統除染」である。一方，解体した設備機器の解体廃棄物は，廃棄物表面に残存する放射性物質を除去する「廃棄物除染」が行われる。この「廃棄物除染」により解体廃棄物の残留放射能がクリアランスレベル以下になれば，資源として再利用することが想定されており，放射性廃棄物の発生量を低減しつつ，最終的に放射性廃棄物の処分費用を抑制することに繋がる。特に，再処理施設の設備機器の材料は，原子炉施設を比べて放射化されていないた

め，残存する放射性物質を除去し，資源として再利用することが期待される。

この「廃棄物除染」では，解体廃棄物を除染設備へ搬入して処理できるため，ラボスケールで除染の有効性が確認できた除染技術も適用でき，除染技術の発展に大きく寄与すると考える。再処理施設の設備機器は，他の原子力施設と比べて構造が複雑であることから，除染設備に搬入できるサイズに解体することで，他の原子力施設で採用された様々な除染技術を試行することができる。例えば，原子炉施設の冷却管等に固着した酸化物除去を目的に研究開発された

硫酸－セリウム溶液［26-30］や溶存オゾン硝酸溶液［31］を用いた化学的除染方法は，再処理施設の設備機器内に沈殿堆積して固着したスラッジ除去に適用できる。この硫酸－セリウム溶液を用いた化学的除染方法を解体前の「系統除染」で採用した場合，除染する設備機器の腐食損傷による漏洩が発生する可能性があるため，除染設備の処理槽等へ解体廃棄物を浸漬して処理することが適当と考える。また，「廃棄物除染」の段階では，「系統除染」で確認できなかった材料表面の放射性物質固着状態［32］が詳細に把握でき，効率良く除染作業を進めることが期待できる。

6.2.2　物理的除染法

次に，機械的除染方法とその他の除染方法［33, 34, 8］を紹介する。

機械的除染方法は多種多様であり，ブラスト法，噴射法，研磨法などがある［8］。ブラスト法［8, 35, 36］は，研磨材を加速して除染対象物に打ちつける方法であり，研磨材の射出方式として，エアブラストとショットブラスト等がある。エアブラストは，圧縮空気の圧力で研磨材である砥粒を加速し，砥粒をノズルから噴射して対象面を研削する。また，研磨材の砥粒を水に混合させてポンプにより噴射する湿式ブラストもある。ショットブラストは，高速回転している羽根車により研磨材である砥粒を遠心力で加速し，投射して対象面を研削する。噴射法は高圧水ジェット洗浄などがあり，研磨法は水の流動あるいは空気の旋回流に研磨材の砥粒を随伴

させて配管内面等を除染する。

　その他の除染方法として，化学的除染方法や機械的除染方法で分類できない電解法，振動法（超音波除染法），溶融分離法，レーザ除染法などがある［8］。電解法は，対象物を陽極にして電解をかけて対象物表面の放射性物質を陽極溶解することで除去する技術［36, 37］であるが，対象物表面に導電性が高い金属が露出した場合，電解電流が金属に集中して放射性物質の除去が進行しない。通常の電解法による除染は直流電解を用いており，析出電位が異なる複数の成分を同時に電解析出できるパルス電解技術などを適用すれば，この課題は解決できる可能性がある。また，化学的除染法の酸化溶解と電解法を組合せ，銀2価イオンを電解生成して対象物を酸化溶解する技術も研究されている［38, 39］。振動法（超音波除染法）は，対象物表面の付着物を超音波振動により剥離する方法であり，酸溶解等の化学的除染方法と組合せることで，高い除染効果が期待できる［40］。レーザ除染法は，照射するレーザ波長，レーザ出力等を調整することで，対象物表面の付着物をアブレーションにより除去，材料表層をクリーニングなど，様々な対応が可能である［41-44］。レーザー除染法については，9.3.2で濃縮設備への適用例を紹介する。

［参考文献］
［1］佐藤修彰，桐島陽，渡邉雅之，「ウランの化学（II）−方法と実践−」，東北大学出版会，(2020)
［2］А. Д. Зимон, ДЕЗАКТИВАЦИЯ,「放射能の汚染と除染の物理化学」（藤森夏樹訳），現代工学社，(1979)
［3］日本原子力学会水化学部会編，「改訂原子炉水化学ハンドブック」，(2022)
［4］和達嘉樹，入江正明，「RI 実験室の除染マニュアル」，Radioisotopes, 53, 635-644, (2004)
［5］原子燃料工業㈱，「廃止措置実施方針」，東許第一 18016 号改1，(2019) 他
［6］労働省労働衛生課編，「核燃料物質等取扱業務特別教育テキスト，核燃料施設編」，中央労働災害防止協会，(2021)
［7］日本原子力研究開発機構核燃料サイクル工学研究所，「廃止措置実施方針（核燃料物質使用施設・政令第 41 条非該当施設）」，(2018)
［8］酒井仁志，片岡一郎，連載講座:21 世紀の原子力発電所廃止措置の技術動向，第 5 回廃止措置技術−除染の技術動向，日本原子力学会誌, 52, 48-52 (2010)

(doi:10.3327/taesj.J12.042)
[9] 水越清治, 助川武則, 核燃料サイクル施設の廃止措置における安全上重要課題の検討, デコミッショニング技報 (Journal of RANDEC), 34, 26-39 (2006)
[10] 槇 彰, 技術報告：東海再処理施設の腐食環境と機器の腐食速度評価, サイクル機構技報, 14, 39-63 (2002)
 (https://rdrevi.ew.jaea.go.jp/gihou/pdf2/n14-04.pdf) (accessed July 31, 2023)
[11] 武田誠一郎他, 再処理溶液中における各種金属材料の耐食性, JNC TN8400 2002-007 (2001)
 (https://jopss.jaea.go.jp/pdfdata/JNC-TN8400-2002-007.pdf) (accessed July 31, 2023)
[12] 竹内正行他, 技術報告：Ti-5% Ta 製および Zr 製酸回収蒸発缶の長期耐久性実証試験, 日本原子力学会誌, 42, 12, 1315-1324 (2000)
[13] 槇彰, 技術資料：酸回収蒸発缶の修復について, PNC TN134 84-02, 動燃技報, 50, 71-78 (1984)
 (https://jopss.jaea.go.jp/pdfdata/PNC-TN134-84-02.pdf) (accessed July 31, 2023)
[14] 大谷吉郎, 技術資料：溶解槽の遠隔補修について, PNC TN134 85-01, 動燃技報, 53, 63-73 (1985)
 (https://jopss.jaea.go.jp/pdfdata/PNC-TN134-85-01.pdf) (accessed July 31, 2023)
[15] 大関達也他, 東海再処理工場酸回収蒸発缶（273E30）の解体撤去, デコミッショニング技報 (Journal of RANDEC), 56-60 (1989)
[16] 武田誠一郎, 石川博久, 解説：核燃料再処理および高レベル放射性廃棄物処理・処分における材料と腐食挙動, 材料と環境 (Zairyo-to-Kankyo), 43, 388-395 (1994)
[17] 槇彰, 技術小論：再処理工場のセル等における除染について, PNC TN134 84-04, 動燃技報, 52, 86-93 (1984)
 (https://jopss.jaea.go.jp/pdfdata/PNC-TN134-84-04.pdf) (accessed July 31, 2023)
[18] 原子力百科事典「ATOMICA」, 再処理施設の廃止措置, 2008 年 12 月更新
 (https://atomica.jaea.go.jp/data/detail/dat_detail_05-02-05-01.html) (accessed July 31, 2023)
[19] 財津和久, 飛田祐夫, ウェストバレー再処理工場のデコミッショニング, デコミッショニング技報 (Journal of RANDEC), 17-24 (1991)
[20] 原子力百科事典「ATOMICA」, ユーロケミック再処理施設の解体, 2005 年 9 月更新
 (https://atomica.jaea.go.jp/data/detail/dat_detail_05-02-05-07.html) (accessed July 31, 2023)
[21] 原子力百科事典「ATOMICA」, フランス UP-1 再処理施設の廃止措置, 2005 年 9 月更新
 (https://atomica.jaea.go.jp/data/detail/dat_detail_05-02-05-10.html) (accessed July 31, 2023)
[22] 原子力百科事典「ATOMICA」, ドイツ WAK 再処理施設の解体, 2005 年 9 月更新
 (https://atomica.jaea.go.jp/data/detail/dat_detail_05-02-05-06.html) (accessed July 31, 2023)
[23] J. Broothaerts, et al., Experience Gained with the Decontamination of a Shut-down Reprocessing plant, IAEA-SM-234/39, 493-514 (1979)

第1部　基礎編

[24] 石黒秀治, 田子　格, 解説：東海再処理施設における放射線管理の概要, 日本原子力学会誌, 8, 681-689 (1987)
[25] 核燃料サイクル工学研究所ホームページ, 再処理廃止措置技術開発センター, 安全対策工事の進捗状況（https://www.jaea.go.jp/04/ztokai/summary/center/saishori/list.htm#anchor4）（accessed July 31, 2023）
[26] 諏訪　武他, 汚染金属廃棄物に関する化学除染法の開発：硫酸・セリウム系化学除染法, デコミッショニング技報（Journal of RANDEC）, 2, 29-40 (1990)
[27] T. Suwa, et al., Development of Chemical Decontamination Process with Sulfuric Acid-Cerium (IV) for Decommissioning, Journal of Nuclear Science and Technology, 25, 5, 574-585 (1988)（https://doi.org/10.1080/18811248.1988.9735895）
[28] 諏訪　武他, 硫酸－セリウム (IV) 溶液中における高クロム含有酸化物の溶解挙動, 防食技術（Boshoku Gijutsu）, 37, 88-96 (1988)（UDC 620.193.5：669.14/15：621.039）
[29] 諏訪　武他, 硫酸－セリウム (IV) 溶液中における SUS304 ステンレス鋼の腐食挙動, 防食技術（Boshoku Gijutsu）, 36, 127-133 (1987)（UDC 620.193.4：669.14.018.8）
[30] T. Suwa, et al., Development of Chemical Decontamination Process with Sulfuric Acid-Cerium (IV) for Decommissioning, Journal of Nuclear Science and Technology, 25, 5, 622-632 (1986)（https://doi.org/10.1080/18811248.1988.9735895）
[31] C. Palogi, et al., Use of dissolved ozone for chemical dissolution of chromium containing oxide and its application for stainless steel surface decontamination, Progress in Nuclear Energy, 133, 103634 (2021)（https://doi.org/10.1016/j.pnucene.2021.103634）
[32] D. N. T. Barton, et al., A review of contamination of metallic surfaces within aqueous nuclear waste streams, Progress in Nuclear Energy, 159, 104637 (2023)（https://doi.org/10.1016/j.pnucene.2023.104637）
[33] 谷本健一, 核燃料施設のデコミッショニング技術開発（第9回原子力施設デコミッショニング技術講座資料 1998.1.28）, PNC TN9450 98-002 (1998)（https://jopss.jaea.go.jp/pdfdata/PNC-TN9450-98-002.pdf）（accessed July 31, 2023）
[34] 谷本健一, 照沼誠一, 核燃料サイクル施設のデコミッショニング技術に関する研究開発－動燃大洗工学センターの開発技術－, デコミッショニング技報（Journal of RANDEC）, 11, 37-47 (1994)
[35] Y. Kameo, et al., Removal of Metal Oxide Layers as a Dry Decontamination Technique Utilizing Bead Reaction and Thermal Quenching by Dry Ice Blasting, Journal of Nuclear Science and Technology, 43, 7, 798-805 (2006)（DOI: 10.1080/18811248.2006.9711162）
[36] 小川雅輝他, 廃止措置に向けた除染技術の開発, デコミッショニング技報（Journal of RANDEC）, 58, 38-45 (2018)
[37] A. A. Pujol-Pozo, et al., Advanced oxidation process for the decontamination of stainless steels containing uranium, Journal of Materials Science: Materials in Electronics, 29, 15754-15760 (2018)（https://doi.org/10.1007/s10854-018-9229-3）
[38] 秋山孝夫他, 水酸基ラジカルを利用した除染方法基礎試験 (2), デコミッショニング技報（Journal of RANDEC）, 20, 49-57 (1999)

[39] 秋山孝夫他，水酸基ラジカルを利用した除染方法基礎試験，デコミッショニング技報（Journal of RANDEC），16, 45-57 (1997)
[40] 美田　豊他，ウラン濃縮遠心機の化学除染法の開発，サイクル機構技報，14, 85-91 (2002)
（https://rdreview.jaea.go.jp/gihou/pdf2/n14-07.pdf）(accessed July 31, 2023)
[41] Y. Xie, et al., Numerical simulation and experiments study on laser ablation decontamination for strontium and cesium from contaminated 316 L stainless steels in spent nuclear fuel reprocessing, Progress in Nuclear Energy, 161, 104760 (2023)
（https://doi.org/10.1016/j.pnucene.2023.104760）
[42] 山根いくみ他，レーザークリーニングによる鋼材表面塗装膜の分離・除去，JAEA-Technology 2021-038 (2022)（DOI:10.11484/jaea-technology-2021-038）
[43] K.-H. Song, J. S. Shin, Surface removal of stainless steel using a single-mode continuous wave fiber laser to decontaminate primary circuits, Nuclear Engineering and Technology, 54, 3293-3298 (2022)（https://doi.org/10.1016/j.net.2022.03.040）
[44] 遠山伸一，峰原英介，高出力ファイバーレーザーを用いた切断及び除染の技術開発，デコミッショニング技報（Journal of RANDEC），56, 55-65 (2017)

第7章　放射性廃棄物と処理・処分

7.1　放射能と廃棄物区分

　放射性廃棄物（固体）は原子炉の運転や廃止措置のみならず，使用済燃料の処理工程，大学，研究所や医療施設，燃料の製作工程，放射性物質が付着した土壌の修復からも発生する。日本ではそこに，FDNPS 事故の修復に伴い排出される放射性廃棄物が加わる。表 7.1 に原子力関連施設からの主な廃棄物の例を示す。ここで，表の上から 4 つのカラムまでは放射性廃棄物であり，CL（クリアランス対象廃棄物）は放射性廃棄物ではない。さらに，1F の事故に伴う廃棄物は，その定義が 2024 年 5 月現在なされていないが，今後考えていく必要がある廃棄物として併せて掲載している。なお，日本では，高レベル放射性廃棄物は使用済燃料の再処理工程から排出された廃液のガラス固化体（7.2 節に詳細後述）のみを指し，他の廃棄物は低レベル放射性廃棄物と呼ばれる。

　表 7.2 に廃棄物の量の目安として沸騰水型軽水炉（BWR），110 万 kW 級 1 基の廃止措置における廃棄物の量を示す [1]。ここにあるように放射性廃棄物は廃棄物全体の 2.4%程度になる。一方，1F の事故に伴う放射性廃棄物は表 7.2 にある CL や NR（非放射性の廃棄物）も放射性物質が付着し，放射性廃棄物となることを考慮する必要がある。その他に発電所サイト内での土壌の一部も放射性廃棄物になるため，表 7.2 に比較して放射性廃棄物量が膨大になる。事故炉の場合には放射性廃棄物を如何に減容するかが一つの大きな課題となる [2]。

　放射性廃棄物は，放射能レベルおよび放出される放射線の種類によって処分形態を区分する。図 7.1 にその区分を示す。この図のように廃棄物に含まれる α 核種および $\beta \cdot \gamma$ 核種の放射能レベル（Bq/t）によって，処分形態としてトレンチ処分，コンクリートピット処分，中深度処分および地層処分に分類する。これらの処分形態は何れの場合も地下を利用することが共通であり，国際的にも現実的な合理性がある方法とされている。なお，図 7.1 からも分かるように，ハル・エンドピース（ハルは燃料被覆

第1部 基礎編

表 7.1 原子力関連施設からの主な廃棄物の例

HLW（高レベル放射性廃棄物）	高レベル放射性廃棄物（使用済燃料を再処理し、UやPuを除いた後に残った5％の核分裂生成物やUやPu以外のアクチノイドをガラス固化したもの）。但し、なお、フィンランド、スウェーデン等では再処理を行わないことから、使用済燃料がHLWとなる。何れのHLWも地層処分相当の廃棄物となる。
TRU（長半減期低発熱放射性廃棄物） ［通称、TRU廃棄物：超ウラン元素（TRans-Uranium elements）を含む廃棄物］	再処理工場やMOX（UとPuの混合酸化物）燃料加工施設等から排出される。例えば、燃料の被覆管、廃液、フィルターなどであり、放射能レベルにより処分形態（地層処分、中深度処分、ピット処分等）が選択される。その意味では福島第一原子力発電所（1F）の多様な廃棄物に類似していると言われる場合がある。
ウラン廃棄物	原子燃料に関連して、製錬工場（粗製錬及び精製錬）、転換工場、ウラン濃縮工場、再転換工場、成型加工工場から排出される。加えて、研究施設等（核燃料物質等使用施設および大学・民間研究施設）からも排出される。
L1、L2およびL3廃棄物	発電所から排出される廃棄物であり、放射能レベルの比較的高い、燃料棒や炉内構造物等がL1、放射能レベルが比較的低い、廃液、フィルター、廃器材、消耗品等を固化したものがL2、放射能レベルが極めて低い、コンクリートや金属等がL3と呼ばれる。
CL（クリアランス対象物）	クリアランス対象物（放射性廃棄物として扱う必要のないもの）。原子力施設およびRI施設の操業や廃止措置に伴って発生する解体物等のうち、一定の基準以下の放射性物質濃度であることが国より確認されたもの（放射線量が自然界よりも十分低い（1/100以下）レベルのもの）。当面の利用方針として、原子力施設由来のものであることを理解した業者や施設等で再利用する。
燃料デブリ関連	国内では、1F事故以降、炉心が溶融して固化してできる様々な物質は全て「燃料デブリ」と総称されるようになった。「燃料デブリ」には、「燃料デブリ」からの分離が困難な構造材やコンクリートの一部、さらには溶融には至らなかった燃料棒の一部も含まれる。なお、溶融燃料とコンクリートとの相互作用（MCCI：Molten Core Concrete Interaction）では、Ca成分が比較的多く含まれ、その処分の際には人工バリアの膨潤性を劣化させることも懸念される。

第7章 放射性廃棄物と処理・処分

表 7.2 沸騰水型軽水炉（BWR），110 万 kW 級 1 基の廃止措置における廃棄物の量 [1]

区分	発生量 (t)	放射性 / 非放射性	性　　質
L1	80	放射性	中深度処分相当廃棄物
L2	850		ピット処分相当廃棄物
L3	11,810		トレンチ処分相当廃棄物
CL	28,490	非放射性	クリアランス対象物
NR	495,420		放射性廃棄物でない廃棄物
計	536,650		

（使用済核燃料は，再処理工場に送られるため，ここには含まれない）

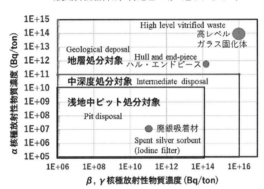

図 7.1　処分形態に関する線質および濃度からの区分 [3.4]
（図中の「高レベル」は高レベル放射性廃棄物を指し，その廃棄体はガラス固化体となる。）

管，エンドピースは燃料棒の端部の部材を指す）なども地層処分相当の低レベル放射性廃棄物となり，高レベル放射性廃棄物のみが地層処分対象という訳ではない。また，ここで重要なことは，図 7.1 の分類だけでは処分形態を決めることはできないことにある。すなわち，放射性物質（核種）が地下環境においてどのような化学形態を採るかについても考慮が必要となる。そのためには各処分システムについての安全評価を行い，生活圏において十分に線量を抑えることができるかを評価し，それによって，処分システムを選択する必要が出てくる。

たとえば，^{129}I は半減期 1,570 万年であり，酸化雰囲気ではヨウ素酸イオン（IO_3^-），還元雰囲気ではヨウ化物イオン（I^-）の化学形態を採り，何れも陰イオンとなる。ヨウ素は，具体的には再処理工場等から排出される銀吸着材（銀吸着材はヨウ素などの揮発性元素を捉えるフィルターに用いられる）に含まれる。地下は pH 5 〜 8 程度（セメント影響を受ける場合にはさらに高い pH）となり，地下の構成物であるケイ酸塩鉱物の表面は負に帯電している。pH ＜ 7 でも負に帯電するのは，これら結晶性の鉱物においてシラノール基（Si-O）の結合が強く，鉱物表面においてプロトンを容易に外す性質を持つためである。陰イオンの形態を持つ核種は，地下の固相との化学的相互作用が弱く，地下水とほぼ同様の速度で移動する。したがって，廃棄物に含まれる当該核種の濃度によって，安全評価に基づき，処分形態を選択する必要がある。他に陰イオンの化学形態を採る核種としては塩素（^{36}Cl，半減期：約 31 万年），テクネチウム（^{99}Tc，半減期：約 21 万年），セレン（^{79}Se，半減期：約 30 万年）などがある。この内，セレンおよびテクネチウムは酸化雰囲気では何れもオキソ酸となり陰イオンの形態を持つ（過テクネチウム酸イオン：TcO_4^-，亜セレン酸イオン SeO_3^{2-}，セレン酸イオン SeO_4^{2-}）となる。

他方，陽イオンの化学形態を採る核種は，地下の固相と化学的相互作用を持ち，地下水の移行速度に比較して，それら核種の移行速度は小さい。この効果を遅延効果と呼び，それを定量化する係数（遅延係数）に関する国際的なデータベースも構築されている。遅延係数 R_d は（7-1）式により定義される。

$$R_d = 1 + \frac{(1-\varepsilon)K}{\varepsilon} \qquad (7\text{-}1)$$

ここで，ε は核種が移行する媒体の間隙率（単位体積あたりの間隙体積であり，無次元数となる），K は平衡分配係数と呼ばれ，固相中の核種濃度/液相中の核種濃度により定義される。K の値は非負であるので，遅延係数

R_d は1以上の値と取り,地下水流速 u とすると,核種の地下水流による移行速度は u/R_d,分散係数（混合拡散係数）D_e とすると,分散による核種の移行速度は D_e/R_d となり,核種が固相と液相に分配される程度により,遅延効果が遅延係数として評価される。なお,K の替わりに K_d を使う場合があり,K_d =（固相中の核種量/液相中の核種量）×（液相量（ml）/固相量（g））とし,K との関係は $K = K_d \rho_s$（ここで ρ_s は固相の密度（g/ml）を表わす。多くの場合 K_d を用いることから,このモデルを Kd（ケーディー）モデルと呼ぶ。

　前述した安全評価では,核種の移行速度を,地下水の流速,分散効果,固相との化学的相互作用および半減期を基に評価し,生活圏での線量が基準値以下になるかを評価する。また,万が一,後世において処分地とは認識せずに掘削を行い,作業者や試料の分析者との接触に伴う被ばく量なども評価する。加えて,安全評価に用いるパラメータの不確実性や地震による影響（断層のずれによって廃棄物を直撃する可能性など）も考慮する。このような評価はいわゆるセーフティケースの一つになる。ここでセーフティケースとは,処分場が安全であるという主張を定量化し実証するための証拠,分析,論拠を体系的に取りまとめたものである[5,6]。なお,セーフティケースは様々な産業分野で用いられる用語であり[6],不確実性を伴うシステムや活動の安全性を示した,体系化された論拠等の集合体を指す。

7.2　廃棄物処理（固化法）と廃棄体化

　廃棄物処理の中で,固化法については,主にガラス固化,セメント固化およびアスファルト固化が実施されている。

　ガラス固化は,再処理工場から排出される高レベル廃液をガラスとともに固化する方法である。図7.2にその概要を示す。容器はステンレス製のキャニスタを用いる。ガラスは二酸化ケイ素からなる非晶質体であり,無機材料として安定なものの一つで,その溶出速度は60℃において約 3.7×10^{-4} kg/m^2/y となり[7],地下においても安定である。この速度は,新た

第 1 部　基礎編

ガラス固化体
(ステンレス製キャニスタに充塡されたもの)
・放射性核種を均一かつ安定に固定
・高い化学的耐久性により地下水への放射性核種の溶出を抑制
・熱や放射線に対する安定性

図 7.2　ガラス固化体の概要 [7]
(重量約 490 kg／本, 高さ約 1,340 mm, 外径約 430 mm)

な固化体の検討の際にも，その安定性の指標にも用いられる。ガラス固化体そのものの色は透明ではなく，黒色となる。再処理工場では，溶融炉に廃液とガラスを混入し，キャニスタに入れ，冷却して固化する。なお，再処理工場では 15 年間の使用済燃料の貯蔵期間を経て，再処理を行う。また，ガラス固化後も約 50 年間は冷却保存し，その後，処分場に 7.3 に後述する人工バリアとともに定置する予定である。ここで重要なことは，高レベル廃液に含まれるモリブデンの含有量と発熱量を考慮することにある。ケイ酸はモリブデンと錯体を作り，黄色化する (因みに，水溶性ケイ酸 (1〜2 分子のケイ酸) の定量分析ではモリブデン酸イエロー法といった錯体が黄色に発色することを利用して比色法により定量化する)。このことは固化体における分相を意味し，固化体の安定性 (力学的性質や溶出速度など) に影響を及ぼす。したがって，モリブデンの濃度をモリブデン酸化物 MoO_3 の最大割合にして 3 wt% 以内に抑える [7]。さらに，発熱量は前述のように固化後も地上で 50 年間あまり冷却し，350 W/本以下にする [7]。これは，地下にそれら廃棄体を定置し，人工バリアとともに埋設した際に，人工バリアが 100°C を超えないようにするためである。100°C 以上になると，人工バリアの主な材料であるベントナイトのイライトへの変質速度が上昇し，ベントナイトの持つ膨潤性が失われるためである。すなわち，ガラス固化体の設計は，単に固化体としての安定性のみならず，処分環境におけるバリア性能をも考慮に入れたものとなっている。

第7章 放射性廃棄物と処理・処分

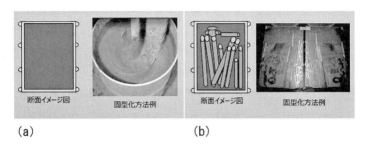

図7.3 セメント固化体の概要 [8]
((a)均質・均一固化体（対象：濃縮廃液，使用済樹脂，焼却灰など），
(b)充填固化体（対象：金属類，プラスチック，保温材，フィルター類など））

　また，セメント固化は，主に放射能レベルの低い放射性廃棄物の固化材あるいは充填材として用いられる。セメントは多くの水を含むため，放射線分解による水素の発生を防ぐ観点から内容物の化学形態にも配慮する必要があるが，固化する前はスラリー状であり，充填材として好ましい性質を持つ。図7.3にセメント固化体の概要を示す [8]。図7.3 (b)にあるように，放射性廃棄物となった材料は粉砕することなく，ドラム缶に入れられる場合もある。その場合，ドラム缶内に有害な空隙ができないようにセメントを充填する。ここで，有害な空隙とは，廃棄物を入れたドラム缶が浮力を持つことや容易に変形することに起因する空隙を指す。セメント固化体の場合には，安全評価では，保守性を考慮して，地下では瞬時に溶解するとして線量の評価を行っている。しかし，セメントは処分場建設にも多く利用され，地下環境を大きく変化させることから，地下にカルシウムシリケート水和物のような二次鉱物を形成し，それらと核種との相互作用を高めるという報告もあり（例えば [9,10]），更なる研究が進められている。
　一方，アスファルト固化体は，廃棄物の固化材の一つとして，アスファルトを用いてドラム缶に廃棄物を固化するものである。セメント固化体に比較して，コストが掛かるが，不要な水分を蒸発分離できることから廃棄物の減容に大きく寄与する [4]。さらに，アスファルトは，水に原則的に

103

不溶であり，固化後は，地下水への浸出がセメント固化体に比較して小さい [11]。しかしながら，固化施設などの火災については相当の留意を要する。すなわち，アスファルトは可燃性であり，酸化物質によって発火する。また，放射線耐性がセメント固化体に比較して低いことから，主に放射能レベルの低い放射性廃棄物用に用いることになる [4]。加えて，ジオポリマーなども固化体の材質として有望である。ジオポリマーはセメントに比較して水素の発生を防げることから，再処理施設から発生する低レベル放射性廃液の固化や1Fの廃棄体の製作にも有用とされる。なお，産業廃棄物の固化に用いられるプラスチック固化法もあるが，原子力関連分野では，セメント固化やアスファルトに替わるメリットが少なく，あまり用いられない [4]。

7.3　放射性廃棄物の処分

前述したように日本では4つの処分形態が提示されている。その概要を図7.4に示す。比較的放射能レベルの大きい廃棄物ほど処分に要する深度が大きいが，7.1節に述べたように，核種の採り得る化学形態をも考慮して処分形態を選択する。

4つの処分形態の中で，トレンチおよびコンクリートピット処分は，日本においても既に実施されており，前者はJPDR（Japan Power Demonstration Reactor，日本原子力研究所が運転した日本初の発電用原子炉）での処分に日本原子力研究開発機構の敷地内での実施例がある（図7.5，第12章参照）。また，環境省がそのマニュアル作りを進めている1F事故に伴い発生したサイト外（原子力発電所敷地外）での汚染土壌の処分も同様の形態となっている。また，後者であるコンクリートピット処分は，日本原燃(株)において2024年4月現在，35.9万本の処分が行われ，今後100万本まで進め，さらに，将来的には300万本まで拡張する計画がある。

トレンチ処分は，図7.5にあるように，廃棄物を比較的浅い地下に埋設する方法であり，覆土によって覆われる。この際の安全機能は，施工時は廃棄物の飛散防止であり，埋設後は核種の移行抑制となる。ここで飛散

第7章 放射性廃棄物と処理・処分

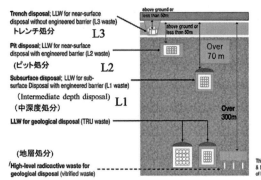

図 7.4　日本における 4 つの処分概念の概要
(https://www.jnfl.co.jp/en/business/llw/ より引用，一部加筆)

図 7.5　日本原子力研究開発機構における JPDR のトレンチ処分の実地試験の様子
(https://www.enecho.meti.go.jp/category/electricity_and_gas/nuclear/rw/gaiyo/gaiyo01.html)

防止とは，トレンチ処分では，廃棄物を固化することなく埋設することから，施工時に廃棄物の一部が飛散することを防ぐ必要がある。図 7.5 の右の白い部分が飛散防止の役割を担う。また，埋設後は，核種の移行を抑え，生活圏での放射線の防護を行う（線量の規制基準は表 7.3 に後述）。この処分形態は管理型の処分施設の一つであり，放射能が減衰する約 50 年間の管理期間を要する。

また，コンクリートピット処分は，図 7.6 に示すように，廃棄体をコンクリートピットに定置し，廃棄体間をセメントより充填し，その上にベントナイト等を含む人工的なバリアを設置し，さらに覆土により締固める。ここで，図中のポーラスコンクリートはこの部分に地下水の流れ易い部分を

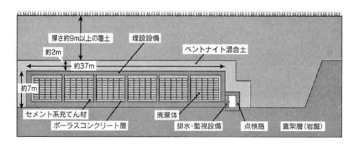

図 7.6 コンクリートピット処分の概要（断面から示したもの）
(https://www.jnfl.co.jp/ja/business/about/llw/summary/structure.html の 2 号埋設より)

作り，廃棄体への地下水の接触を低減する機能を持つ。地下の深さは，廃棄体の種類にも依存するが，10m よりも深い。当処分場の安全機能は，施工時において放射線の遮蔽および放射性物質の閉じ込めであり，埋設後において移行抑制となる。管理期間は 300 年間としている。その間，敷地境界での地下水のモニタリングや，定期的な安全評価をも繰り返し行い，当初の安全評価に大きな違いがないかを確認し，万が一無視できない事象が現れた場合には，適切な修復を行う。

さらに，中深度処分は 70m 以深に処分坑道を設け，そこにコンクリートピットを構築し，人工バリアで覆い，坑道を埋め戻すものである。図 7.7 にその概要を示す。生活圏の線量に関する評価期間は 1 万年を超えるため，1 万年間に生じる隆起・侵食を考慮しても生活圏との距離を 70 m 確保できるように深度を定める。この深度は，通常の地下利用（地下鉄や高層ビルの基礎など）よりも深いことが目安となっている。

中深度処分では，特に原子炉の廃止措置に伴い発生する炉内構造物など低レベル放射性廃棄物の中でも比較的放射能レベルの高い廃棄物の処分場として利用される。現在のところ，日本原燃株式会社の敷地内において試験坑道（深さ 100m，坑道の大きさ幅 18m，高さ 16m）を設け，その評価がなされるとともに，人工バリアやモニター用のセンサーの試験，地震動の影響などの検査も行われている。但し，実際にどこの場所で操業す

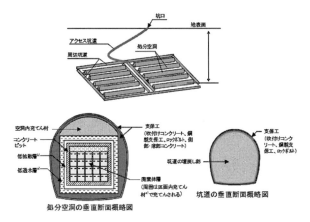

図 7.7 中深度処分の概念図 [12]
（地表面からの深度は 70 m 以上とされる）

るかは今後の課題となっている。この処分場の安全機能は，遮蔽および閉じ込め（操業時），移行抑制および離隔（埋設後）である。コンクリートピット処分と同様に，定期的な安全評価が繰り返し行われることが見込まれている。

表 7.3 に，ここまでの 3 つの処分形態に関する原子力規制庁から示された線量基準を示す（2019 年 10 月 原子力規制委員会決定）。人為シナリオにおいてピット処分や中深度処分の方がトレンチに比較して高く設定されているのは，人工バリアの設置があることに由来する。すなわち，遠い将来において，万が一，この処分サイトにおいて掘削作業が行われても，人工バリアの抵抗性があるために，廃棄体との接触を防ぐ効果を考慮している。また，中深度処分の人為シナリオにおける 10 万年後の人間と廃棄物との接触による制限は，実質的に処分できる放射性物質の濃度上限を規定するものとなる。なお，廃棄物の化学毒性や環境基準についても事業者は十分に配慮する必要があり，濃度上限をその意味で規定する可能性もある。

さて，ここまでの 3 つの処分形態は第二種廃棄物埋設と呼称され，管理

第1部　基礎編

表7.3　管理型処分の放射性廃棄物処分に係る規制基準（公衆の被ばく線量）

ピット・トレンチ処分	自然事象シナリオ	科学的に合理的な範囲の状態と被ばく経路の組み合わせのうち、最も可能性が高いパラメータを設定	10 μSv/y
		科学的に合理的な範囲の状態と被ばく経路の組み合わせのうち最も厳しいシナリオ	300 μSv/y
	人為事象シナリオ	埋設地の掘削による放射性物質の漏洩、掘削後の土地利用を想定	1 mSv/y（ピット） 300 μSv/y（トレンチ）
中深度処分	自然事象シナリオ	合理的に起こり得る範囲の状態で保守的なパラメータを設定	100 μSv/y
		発生が合理的に想定できる範囲内で最も厳しい設定を含む網羅的なシナリオ	300 μSv/y
	人為事象シナリオ	人間侵入（人間の地下利用によって廃棄物埋設地の擾乱）	20 mSv/y
		10万年後に施設内の放射性廃棄物と人間の接触を仮想	20 mSv/y

型の処分とされるが、地層処分は第一種廃棄物埋設と呼ばれ、受動的なシステムと言われる。すなわち、地層処分は300m以深での廃棄体の埋設であり、その定置後50年間（場合によってはそれ以上の期間）において、アクセス坑道を埋め戻すことなく、定期的な安全評価が繰り返しなされ、その結果を持ってアクセス坑道を埋め戻し、能動的な管理を要しないシステムとする。図7.8にその概要を示す [13]。人工バリアと天然バリア（地質環境）とのマルチバリアシステムとなる。人工バリアは前述のガラス固化体をオーバーパック（厚さ19cmの炭素鋼）に入れ、さらにベントナイトを主成分とする緩衝材を敷設する。これはいわゆる竪置き方式であり、原子力発電環境整備機構では、横置きで緩衝材までの設置を地上で行うPEM（Prefabricated Engineered barrier system Module）方式も検討している。図7.8に示すように人工バリアの周囲には天然バリアとしての岩盤がある。このマルチバリアシステムは深層防護の概念とは異なり、相互のバリアが相補的な役割を果たす。たとえば、深い地層の持つ還元性の雰囲気が人工バリアの劣化を防ぐ。このことは通常の原子炉等で採用する深層

第 7 章　放射性廃棄物と処理・処分

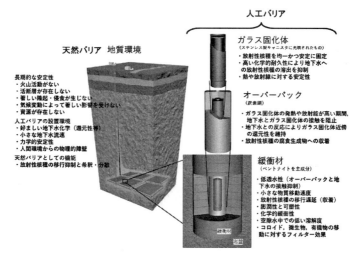

図 7.8　地層処分の概念図 [12]

防護の考え方と異なる点となる。また，もう一つ重要なことは，原子力発電が開始されてから，2030 年代までに原子力発電所から排出される使用済原子燃料を，全て再処理して製作されるガラス固化体の本数は約 4 万本であること，また，それら全ての処分場の地下面積は 6 〜 10 km^2 となることである。この領域（サイト）の確保が重要となる。サイトは，文献調査，概要調査および精密調査を経て選定される。

さて，地層処分での安全機能は，中深度処分と同様に遮蔽および閉じ込め（操業時），移行抑制および離隔（埋設後）である。後者の期間は凡そ 10 万年間となることから，前述のように能動的な管理を行わなくても，生活圏における放射線の影響を十分に抑えるシステムを必要とする。但し，可能な限り当該サイトに地層処分がなされていることを後世に伝え，大深度掘削などを回避するなど，廃棄物に起因した被ばくを防ぐ仕組みの検討は必要と考える。

国際的に見れば，2024 年 5 月現在，地層処分のサイトが具体的に決まっ

ているのは，フィンランド，スウェーデン等であり，スイスなどではグリムゼルにおいて地下試験場を作り，国際的な仕組みにより技術開発を行っている．地層処分は，少なくともこれまでの使用済原子燃料を，現状において合理性をもって実施可能な技術を用意し，かつ現段階において予算を確保する方式であり，埋め戻しの判断を後世に委ねるものとなる．言い換えると更なる技術の革新を妨げるものでない一方，実現可能な方法を国際的な議論を経て社会に提示していることとなる．他方，日本は，火山や地震が多く，他国のように地盤が安定していないことから地層処分が可能か否か不安視する意見もある．そこで最後に日本における地層処分について基本的な考え方をまとめてみる．

2017年7月，経済産業省は「科学的特性マップ」を提示し，地層処分の埋設施設の設置場所として，火山・火成活動，断層活動，隆起・侵食，地熱活動，火山性熱水・深部流体，未固結堆積物，火砕流等の影響を避け，また有用な地下資源のない場所を示した．加えて，沿岸部から20km程度で標高1,500m以上を除いた範囲を輸送の観点から好ましい範囲の要件・基準として挙げ，色分けをして表示している．これは国土全体から見れば2/3程度の面積を占め，前述の処分場の敷地面積の確保が可能であることを示している．日本列島は太平洋プレート，フィリピン海プレートの海洋プレートと大陸側のユーラシアプレートにより圧縮の応力場が200万年以上続いている．今後も当該廃棄物を離隔しておく期間を超える100万年のオーダーでこの圧縮場は継続するとされている．地震は，この圧縮場において応力を開放するために断層がずれて発生する．したがって，過去数十万年間に活動記録のあるいわゆる活断層は，応力開放のために使われることになる．これは，図7.9に示すように，タイル同士が互いに接合せずに存在し，それを周囲から押す（図では左右から）状況に似ている［14］．いま，タイルとタイルとの間が活断層と見なすと，タイルは応力の開放に伴って移動するが，タイル自体は安定である．仮にタイル内に処分場（例えば，図中の「●」）を設置すれば，タイル自体が動いても安定に廃棄物を処分できることになる．ここでの説明は定性的であるが，核燃料サイクル

第7章　放射性廃棄物と処理・処分

図7.9　圧縮場におけるタイルの移動の模式図
（タイル間同士は結合していない。周囲から押されると、タイル間の隙間を
移動させて応力を吸収する。）

機構（現 日本原子力研究開発機構）では，それでも万が一，新たな断層が発生し，廃棄体を直撃する場合について，定量的に安全評価を実施している [7]。すなわち，図7.8にあったように，処分場の地下に平面的に存在し，また，断層も凡そ平面であって，両者の交わる部分は線状になる。したがって，その線上にある廃棄体がどのように挙動するかを調べている。また，その線上に存在する廃棄体から核種が漏洩した場合についても安全評価を行い，生活圏への放射線影響が国際的な基準に比較しても十分小さいことを示している。

　さらに，地層処分の分野では，事業の可逆性および回収可能性（R&R：Reversibility and Retrievability）の維持についての議論がある。事業の可逆性とは，一度決定した事業を後戻りさせることを可能とすることであり，回収可能性とは，事業の可逆性を維持するためには，地下に定置された廃棄体の回収も行う必要があることから，アクセス坑道を埋め戻すまではこれらを維持する。自然界を相手にする事業では，段階的に進めていくことが肝要であり，R&Rはそれを担保する対応する具体的な制度となる。

[参考文献]
[1] 原子力安全基盤機構，平成20年度廃止措置に関する調査報告書，廃止措置ハンドブック（2009）．
[2] 新堀雄一，学会廃炉委における廃棄物の取り組みと今後について，日本原子力学会誌，63 (3), (2021) 263-266.
[3] 電気事業連合会・核燃料サイクル開発機構（現 日本原子力研究開発機構），TRU

第 1 部　基礎編

廃棄物処分技術報告書－第 2 次 TRU 廃棄物処分研究開発取りまとめ，FEC TRU-TR2-2005-01 (2005).
[4] 長﨑晋也，中山真一 共編，「放射性廃棄物の工学」，オーム社 (2011).
[5] IAEA, "The safety case and safety assessment for the disposal of radioactive waste, Specific Safety Guide", IAEA Safety Standards Series, No. SSG-23 (2012).
[6] 原子力発電環境整備機構，包括的技術報告「わが国における安全な地層処分の実現－適切なサイトの選定に向けたセーフティケースの構築－」，NUMO-TR-20-03 (2021).
[7] 核燃料サイクル機構，「わが国における高レベル放射性廃棄物地層処分の技術的信頼性－地層処分研究開発第 2 次取りまとめ－」，JNC-TN1400-99-020 (1999).
[8] https://www.jnfl.co.jp/ja/business/about/llw/summary/file/llw_no3_disposal_facility.pdf
[9] Taiji Chida, Naoya Hara, Yuichi Niibori, "Influence of Borate on Sorption of Strontium and Barium to Calcium Silicate Hydrate", Proceedings of WM2020 (HLW, TRU, LLW/ILW, Mixed, Hazardous Wastes & Environmental Management), Paper No. 20148 1-8 (2020).
[10] Tsugumi Seki, Reo Tamura, Taiji Chida, Yuichi Niibori, "Sorption behavior of cesium and strontium during the formation process of calcium silicate hydrate as a secondary mineral under the condition saturated with groundwater", MRS Advances, 8, 224-230 (2023)
[11] 宮脇健太郎，鈴木善博，本山光志，「アスファルト固化体からの環境影響物質の長期浸出挙動と浸出機構」，廃棄物資源循環学会論文誌，29, 127-138 (2018)
[12] 日本原子力学会，学会標準「余裕深度処分の安全評価手法」(F012:2008), (2009).
[13] 核燃料サイクル開発機構，「高レベル放射性廃棄物の地層処分技術に関する知識基盤の構築－平成 17 年取りまとめ－」，地層処分技術の知識化と管理 (2005).
[14] 新堀雄一，「地層処分の新たな展開に向けて：場の「変動と安定」とそのスケール感の重要性」，原子力バックエンド研究，23, 1 (2016)

第2部
応 用 編

第8章 小規模施設の廃止 [1-12]

8.1 大学等研究施設概要

大学等にある核燃施設には,国際規制物資であるUを300g以下,またはThを900g以下使用する国際規制物資使用施設(K施設)と,上記量を超えたUあるいはThや濃縮U,Pu等を使用する許可施設(J施設)が小規模施設に該当する [1-8]。表8.1には核燃料使用施設の区分と特徴を示す。現在,国内にJ施設が200程度,K施設が1800程度ある。原子力関係学科がある主要7大学には,臨界未満実験装置に関連してトンオーダーのUを有する。このため,いわゆる核燃の湧き出しがあった場合には,主要大学が受入れ,対応してきた。さらにK施設の中でも使用状況がJ施設に準ずると判断された場合には,原子力利用国際規制物資使用施設として扱う。ここではK施設およびJ施設の廃止例とそこに係る化学の役割を紹介する。

8.1.1 K施設

国際規制物資使用施設(K施設)では,天然あるいは劣化U(300g以下)とTh(900g以下)に限定して使用できる。これらの量以下では放射線被ばくや核テロの恐れもなく,規制の対象とならない。このため,K施設については使用許可申請を提出するが,届出使用であり,後述する許可使用施設(J施設)とは異なる。当該期内の在庫変動を記載した半年毎の計量管理報告を提出する。K施設では,当該期間に廃棄・譲渡した核燃料物

表8.1 核燃料使用施設の区分と特徴

項 目	J施設	K施設
対象物質	核燃料物質	国際規制物資
対象核種	天然U, 濃縮U, 劣化U, Pu, Th, ^{233}U	天然U, 劣化U < 300g Th < 900g
許可・届出	許可	届出
計量管理規程	必要	必要

質を減じて報告する。表8.2には，K施設の記録事項を示す。使用者及び原子力利用国際規制物資使用者には在庫変動とともに機器の構成記録など詳細な報告内容を求めている。ここで，原子力利用国際規制物質使用者とは許可量は少量核燃施設該当量でありながら，在庫変動が頻繁など，IAEAよりJ施設に準ずる計量管理を求められる施設である。一方，非原子力利用国際規制物資使用者については，在庫変動量に関する報告でよしとしている。

K施設の廃止は，計量管理報告の在庫を0gとして報告して終わる。Uの場合，300g未満になれば，また，上限まで補充，使用できる。使用後廃棄する核燃料物質については特に追跡等は要求されていない。このことは，上述のように少量核燃は規制の対象とならないことと関係している。一方で，廃棄後の核燃料物質については一般廃棄物とはしにくく，殆どの事業所で保管している。このように計量管理外の核燃料物質が存在していることがK施設の課題でもある。また，規制庁発足以前は，湧き出しがあった場合，受入可能な事業所へ紹介後，受け入れ，事故増加としていた。現在は，湧き出し後は，まず，当該場所をK施設（湧き出し量によってはJ施設）として登録し，その後，移動等を行っている。このため，以前は1000箇所程度であったK施設数が，現在は2000弱と倍増している。

8.1.2 J施設

J施設の定義は表8.1にあるように，天然Uから濃縮U，劣化U，Pu，Th，^{233}Uまで全ての核燃料物質を使用できる施設である。そのため，使用目的や，使用設備，使用機器，排水設備，廃棄設備，貯蔵設備等において細かい規制がある。次に，J施設においては表8.3に示ように政令第41条による核燃料物質区分を設け，該当する場合にはより厳しい施設の安全管理や保障措置への対応を求めている。濃縮Uを使用する場合，濃縮度5％以上と未満で該当する量を分けている。また，^{233}Uの場合には500gを，Puの場合には核種毎の区分はなく，特に非密封では1g以上で該当としている。使用済核燃料は物質量ではなく，MAやFPを含めた総放射能

第8章　小規模施設の廃止

表8.2　国際規制物資使用施設の記録事項

		記録事項	記録すべき場合
使用者及び原子力利用国際規制物資使用者	一	核燃料物質の種類別の在庫変動の量及びその原因	第三項に定める場合
	二	核燃料物質の種類別の受払間差異	受払間差異の確認の都度
	三	リバッチングの内容及びリバッチング後のバッチ中の核燃料物質の種類別の量	リバッチングの都度
	四	核燃料物質の種類別の実在庫量	実在庫量の確認の都度
	五	核燃料物質の種類別の不明物質量	不明物質量の確認の都度
	六	核燃料物質の測定をするための機器の校正記録	校正の都度
	七	試料の採取及び分析の記録	採取及び分析の都度
	八	設備の種類別及び相手方別の受渡量及び受渡しの原因	受渡しの都度
	九	設備の種類別の損失の数量及び理由	損失の都度
	十	設備の種類別の廃棄の数量及び方法	廃棄の都度
	十一	設備の種類別の使用の状況の変化	使用の状況の変化の都度
	十二	設備の種類別の在庫量	毎年一回
非原子力利用国際規制物資使用者	一	国際規制物資（核原料物質を除く。以下この項において同じ。）の種類別及び相手方別の受渡量及び受渡しの原因	受渡しの都度
	二	国際規制物資の種類別の消費，損失，廃棄その他の増減の数量及び理由	毎月一回
	三	国際規制物資の種類別の在庫量	毎月一回

表8.3　J施設における核燃料物質区分

核燃料物質区分		令第41条	
		非該当	該当
濃縮ウランEU	濃縮度5％未満	< 1,200 g	1,200 g ≦
	濃縮度5％以上	< 700 g	700 g ≦
²³³U		< 500 g	500 g ≦
プルトニウム	密封	< 450 g	450 g ≦
	非密封	< 1 g	1 g ≦
使用済核燃料		< 3.7 TBq	3.7 TBq ≦

量で区分している。大学等における殆どの J 施設は非該当である。

8.2　大学における施設統廃合と廃止措置

　大学における核燃施設には，K 施設および J 施設がある。また，RI 施設のなかでも Am や Cm 等の α 核種を扱える施設もあるが，α 核種を含む廃棄物は RI 協会による引取対象とはならず，核燃料廃棄物と同等の取扱になっていることが重要である。大学におけるこれら施設の廃止に関わる課題としては表 8.4 のようにまとめられる。例えば，教育に関しては，学部の大学科制や専攻の学生数の減少や担当教員退職後の教員削減による講座数の減少，対応としては学科，専攻の再編による関係研究室，教員の拡大，連携がある。学生への実習プログラムや若手教員育成プログラムの実施も効果は限定的ながら見られる。施設の安全管理体制については，そもそも，核燃料研究や RI 研究など施設を利用する研究室，教員/研究者が減少しているほか，非該当（施設を利用しない）教員が管理しているところもあり，施設の安全管理に支障が出ている。老朽化はかなりの施設に関わる課題である。福島第一原子力発電所事故以降に発足した規制庁による新規制への対応が厳しくなる一方で，特に放射線施設に関しては，改修や廃止に関わる費用は数億円にわたるので，専攻あるいは研究科単独では対応できず，学内における対応が必要である。その場合，当該施設の学内全体への貢献度を問われることとなり，了解を得ることが難しい現状

表 8.4　大学における核燃施設の課題と対応

項　目	課　題	対　応
教　育	学生数の減少 講座研究室減少	学科，専攻再編 実習プログラム実施
研　究	学科，専攻の統合 研究者育成・連携	共同研究展開 育成プログラム実施
安全管理体制	担当教職員減少	統合等による対応
施設老朽化	規制対応不備	廃止または統合
維持費用	規制対応不備	使用停止

がある。その結果，維持費が確保できない場合には，例えば，施設の廃止あるいは使用施設でありながら，保管のみとするケースが多い。

核燃料等の貯蔵や保管施設の管理を適切に行うためには，担当者を複数配置することが望ましいが，大学等においては核燃料等を使用する教員や管理を行う技術職員，事務職員数が減少している。大学における人員の増員がなかなか見込めない現状においては，学内にいくつかに分かれているRI及び核燃料施設を人員も含めて集約し統合管理体制を確立していくことも一つの方策である。K施設を複数持つ場合は，それらを統合して施設運営，安全管理の効率化を図ることができる。例えば九州大学伊都キャンパスにおいては，キャンパス移転に合わせて，核燃や国際規制物資（以下，国規物）の使用施設を1つのJ施設と複数の異なる研究施設を統合した1つのK施設として全学管理を行なっている。J施設では特に使用頻度の低いアイテムや廃棄物の一括管理を主に行い，安全管理の教職員を配置，K施設においてはこれまで通り国規物を利用した研究を進めている。なお統合管理については，RIや核燃及び廃棄物を拠出した部局とその所有権や将来的な管理責任について十分な議論が必要である。また各部局が集約後の管理についても積極的に参画していくことで，RIや核燃の安全管理を行える人材の裾野を広げることにもつながる。

まず，学内における核燃施設統廃合のイメージを図8.1に示す。この図では，左側にK施設を含む統廃合を，右側にJ施設に関わる統廃合について，RI併用施設の場合を含めて示してある。K施設を廃止する場合には，学内J施設に核燃と移動後，在庫0とする計量管理報告により廃止となる。これに対し，J施設の廃止は容易でない。まず，実験機器等使用設備や実験室等の汚染検査や除染が大変である。また，排気設備や排水設備の汚染評価，除染もあり，廃止措置に関わる変更申請から始まり，その後の汚染検査，除染作業など表8.3に示したように具体的な系統的な対応が求められる。規制庁発足時は，核燃料物質を使用した場合には，汚染限度の下限はなく，コンクリート壁の斫りなど不可欠とされていたが，最近は表面汚染密度限度以下であれば良いとの対応も出てきている。また，J施

第 2 部　応用編

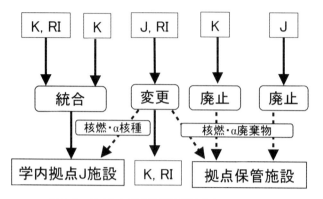

図 8.1　学内における核燃施設統廃合のイメージ

設としては廃止するものの，RI 施設として引き続き排気管理や排水管理を行う場合には，除染への対応も緩和されるようなケースもある。RI 併用施設の場合には，特に α 廃棄物が核燃同様扱いになるので，学内拠点施設や拠点保管施設への移動が必要となる。ここで示す拠点保管施設は，学内において使用予定のない核燃料物質等を保管する施設を示す。しかし，このような RI 併用施設は燃料デブリ等の研究には不可欠であるものの，規制庁発足後は新たに許可されておらず，既存施設の維持が極めて重要となる。

次に，学内における RI 施設統廃合のイメージを図 8.2 に示す。

大学における RI 施設には，RI のみ使用する場合と，核燃も併用する施設に大別できる。老朽化等で使用予定のない RI 施設は，保管する RI の譲渡後，β/γ 廃棄物を RI 協会へ搬出して，施設を廃止する。次に複数の部局にある RI 施設は，(1) 学内拠点施設 1 つに統合し，他を廃止するか，(2) 全てを廃止し，新施設に統合するかといったことが考えられる。施設の老朽化対応を考慮すると，一時的には経費負担が大きいものの，後者が施設対応の教職員の確保や安全管理などその後の展開には良いように思う。

第8章　小規模施設の廃止

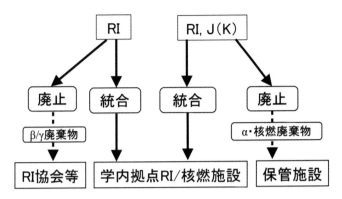

図8.2　学内におけるRI施設統廃合のイメージ［3を改変］

　一方，国内における施設の集約化に関しては，全国に数カ所の中核施設を作り，前述のような一つの大学や法人の中だけでなく，それらの中核施設を中心として各大学等の施設をサテライト的に運用するなどの広域での管理体制，更にはそれらを統合するような施設を作るなど国全体での管理体制と研究利用体制の構築などを進めることが必要であり，使用しなくなった核燃等の引き取りや核燃料汚染物等の処理・処分に対して国を挙げての取り組みが重要である。国内における施設統廃合への対応のイメージを図8.3に示す。例えば，A大学では施設を廃止後，核燃およびα廃棄物を全国拠点型の廃棄施設あるいは処分場へ搬出し，施設を廃止する。またB大学の場合は，核燃等廃棄物を搬出後，例えば，JからK施設の変更あるいは保管施設への変更申請を行い，大学としては拠点研究施設の利用へ重点を変更していく。あるいは，拠点研究施設へ共同研究等により研究体制を確立する。この際，保有する核燃料やα核種は当該拠点施設へ譲渡して研究を継続する。また，C大学の場合には，学内の複数施設を統合した，総合的なJ施設とする一方で，一部の濃縮UやPuに関わる研究を拠点研究施設にて実施するといったことも考えられる。これは特に複数の学部あるいは大学の統合によるケースが該当すると思われる。

第 2 部　応用編

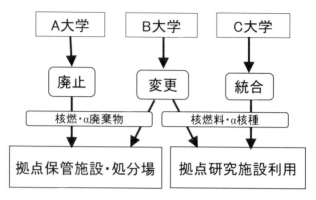

図 8.3　国内における核燃研究施設統廃合のイメージ［3 を改変］

　さらに，持続的な研究開発を行うためには，継続的な管理を安定的に行うとともに，利用しやすいような体制の構築，規制の柔軟な対応や規制緩和などが必要である。

［参考文献］
[1]「我が国における大等等核燃および RI 研究施設の在り方について」日本原子力学会アゴラ調査専門委員会大学等核燃および RI 研究施設検討・提言分科会，原子力学会誌，61,793-797 (2019)
[2]「我が国における大等等核燃および RI 研究施設の現状と新規制への対応について」日本原子力学会アゴラ調査専門委員会大学等核燃および RI 研究施設検討・提言分科会，原子力学会誌，63, 353-357 (2021)
[3]「大等等核燃および RI 研究施設の課題と提言」日本原子力学会アゴラ調査専門委員会大学等核燃および RI 研究施設検討・提言分科会，原子力学会誌，64,110-114 (2022)
[4]「国内大学における核燃および RI 研究施設の動向」，日本原子力学会アゴラ調査専門委員会大学等核燃および RI 研究施設検討・提言分科会，日本原子力学会誌，65, 568-572 (2023)
[5]「原子力基本法」，原子力規制委員会 (2014)
[6]「核燃料物質，核原料物質，原子炉及び放射線の定義に関する政令」，規制庁 (1988)
[7]「原子炉等の規制に関する法律」，規制委員会 (2017)
[8]「原子炉等の規制に関する法律施行令」，規制委員会 (2018)

[9]「核燃料物質の使用等に関する規則」,規制委員会 (2019)
[10]「核原料物質の使用に関する規則」,規制委員会 (2018)
[11] 佐藤修彰,桐島　陽,渡邉雅之,佐々木隆之,上原章寛,武田志乃,「ウランの化学Ⅱ－方法と実践－」,東北大学出版会 (2021)

第9章　フロントエンド施設の廃止

　フロントエンド施設とバックエンド施設において異なることは，前者では未照射ウランを，後者では使用済核燃料を扱うことである。そのため，フロントエンド施設の廃止措置では，ウランを対象とした汚染評価，除染作業，廃棄物処理等が必要となり，後者に比べると扱う放射性物質は限定され，また，その放射能量は低く，廃止措置は容易である。一方，フロントエンドにおける施設は原料鉱石から燃料製造までその種類は多岐にわたり，種々の対応が必要となる。また，フロントエンド施設に関わる法令では，「核原料物質又は核燃料物質の製錬の事業に関する規則」[1] と「加工の事業に関する規則」[2] が該当し，前者にはここでは鉱石処理，湿式および乾式製錬，濃縮施設，燃料製造施設に分け，表9.1に各施設の種類と特徴について示す。使用済燃料からのPuを扱うことからフロントエンドにおけるバックエンドとなるが，MOX燃料製造施設についても含め，9.2節に述べる。

9.1　製錬施設

　核原料物質又は核燃料物質の製錬の事業に関する規則では，第一条の二，第1項に製錬施設の区分として表9.2のものを挙げている [1]。この表でホの放射性廃棄物とは「核原料物質又は核燃料物質若しくは核燃料

表9.1　フロントエンド工程と法令区分

工程名	内　容	法令による事業区分
製　錬	鉱石からU成分を分離・抽出	製錬の事業
転　換	UO_2を濃縮用UF_6原料に転換，濃縮UF_6を燃料用UO_2へ再転換	加工の事業
濃　縮	天然UF_6を濃縮し，濃縮UF_6を製造	加工の事業
加　工	UO_2粉末をペレットに成型後，加工	加工の事業
MOX燃料製造施設	UO_2およびPuO_2をそれぞれ濃縮度および富化度調整して，燃料を製造	加工の事業

第2部　応用編

表 9.2　製錬施設の区分

	名　称		名　称
イ	破砕及び浸出ろ過施設	ニ	核原料物質及び核燃料物質の貯蔵施設
ロ	濃集施設	ホ	放射性廃棄物の廃棄施設
ハ	精製施設	ヘ	その他製錬設備の廃棄施設

物質によって汚染された物で廃棄しようとするもの」を指している。イは鉱石を粉砕後，硫酸等による浸出や沈殿生成後のろ過による固液分離工程が該当する。ロの濃集施設では，浸出液から溶媒抽出等の分離操作によりウラン品位を高める精製工程が該当する。ニは鉱石およびウラン化合物の貯蔵が該当し，ホでは，鉱石残渣や含ウラン化合物などの廃棄が該当する。ヘは上記以外の製錬施設からの廃棄物の廃棄が該当する。

9.2　加工施設

核燃料物質の加工の事業に関する規則では，第三条の二の二，第1項に加工施設の区分として表9.3のものを挙げている [2]。化学処理施設は溶解，沈殿等の作業を行う施設，濃縮施設は UF_6 を用いた濃縮を行う施設，成型は UO_2 燃料粉末からペレットを製造する施設，被覆は燃料ペレットを被覆管に装荷，封入して燃料棒を製造する施設，組立施設は燃料棒をまとめて，燃料集合体を製造する施設となる。ここまでの工程において取り扱った燃料粉末やペレット，燃料棒，燃料集合体は貯蔵施設にて保管貯蔵する。一方，工程の過程で排出された液体，固体等廃棄物は廃棄施設に廃棄する。放射線管理施設は施設内の放射線計測や監視により施設および個人の放射線管理を行い，また，加工に係るその他の施設として消化設備や，計量・分析設備がある。以下，軽水炉用燃料製造およびMOX燃料製造に係る加工施設について述べる。

表9.3　加工施設の区分

	名　称	作業内容
イ	化学処理施設	溶解，沈殿，焙焼，還元，転換等
ロ	濃縮施設	天然UF6から濃縮UF6を製造
ハ	成型施設	燃料粉末をペレットに成型
ニ	被覆施設	燃料ペレットを被覆管に装荷，封入
ホ	組立施設	燃料棒をまとめ，燃料集合体を組立
ヘ	核燃料物質の貯蔵施設	保有する燃料粉末やペレット，燃料棒，燃料集合体を保管，貯蔵
ト	放射性廃棄物の廃棄施設	上記の工程における廃棄物を廃棄，保管
チ	放射線管理施設	当該施設における放射線計測や監視により施設および個人を管理
リ	その他の加工施設	消火設備や計量，分析に係る設備など

1) 軽水炉用燃料加工施設

　軽水炉用燃料加工施設に関して，3社4事業所から廃止措置実施方針が示されている［3-6］。上記9.3の区分に基づいて対象設備をまとめてみると表9.4のようになる。A社では，UO_2燃料粉末を調製後，加圧成型によるペレット製造，ペレット装荷による燃料棒製造，燃料棒組立による集合体製造に係る設備を有し，粉末や燃料棒，集合体等を保管，貯蔵するとともに，関連工程からの気体，液体，固体廃棄物を廃棄室に廃棄しており，これらが廃止対象となっている。一方，B社では，UF_6の蒸発や加水分解，沈殿分離と焙焼還元などの化学処理工程を有しており，それらに該当する設備も廃止対象としている。C社では，化学処理施設を保有せず，UO_2燃料粉末からペレット成型，燃料棒製造，集合体製造を行っており，成型，被覆，組立，貯蔵，廃棄施設を有する。2つの事業所ではそれぞれ，BWRおよびPWR用燃料に対応している。

表 9.4　各燃料製造会社における加工施設の廃止対象設備

施設区分	A 社	B 社	C 社 イ事業所	C 社 ロ事業所
化学処理	粉砕,酸化,粒度調整,搬送	UF_6 蒸発・加水分解,沈殿,焙焼還元,粉かす砕・充填,混合,濃縮度混合	―	―
成型	粉末処理,加圧成型,焼結,研削,集塵,ペレット検査	圧縮成型,焼結,研削,集塵,ペレット検査,粉末再生	粉末調整,成型,熱処理,研磨,検査,編成,運搬,解体	粉末調整,焙焼,検査,圧縮成型,研磨,分析
被覆	装填,端栓溶接,搬送	燃料棒組立,搬送,検査,補修	挿入・密封,燃料棒試験検査,運搬	ペレット編成挿入,脱ガス,端栓溶接
組立	燃料棒検査,集合体組立,ヘリウム漏洩試験,集合体検査,荷造	集合体組立,集合体検査	組立,検査,運搬	組立,集合体検査,運搬
貯蔵	酸化 U 保管,ペレット貯蔵,発送品保管	原料貯蔵,粉末貯蔵,UO_2 ペレット貯蔵	原料貯蔵,酸化 U 粉末及びペレット保管,燃料棒保管,集合体貯蔵	原料貯蔵,ペレット貯蔵,燃料棒貯蔵,集合体貯蔵
廃棄	気体廃棄,液体廃棄,固体廃棄	気体廃棄,液体廃棄,固体廃棄	排気,廃液処理,沈殿処理,廃液貯留,廃棄物保管	気体廃棄,廃液処理,焼却,保管廃棄
放射線管理	放射線測定,監視,施設管理	屋内管理用,監視	個人管理用,施設管理用	個人管理用,施設管理用
その他	消火,通信連絡	消火,秤量分析,計量	消火,計量,分析	消火,計量,分析

2) MOX 燃料製造施設

　MOX 燃料加工施設の廃止措置実施方針が日本原燃(株)より,2021年1月に規制委員会に提出されている[7]。表9.5 には同社における加工施設の廃止対象設備を示す。MOX の原料となる PuO_2 粉末は再処理工場から受入れ,UO_2 粉末と混合して MOX 粉末とし,圧縮成型,焼結,研削を経て MOX ペレットを製造している。この MOX ペレットを被覆管に装荷・封入して MOX 燃料棒を,さらに組立てて燃料棒集合体を製造し,これらを保管・貯蔵している。いずれの工程においても Pu を扱う作業はグローブ

表 9.5　MOX 燃料製造会社における加工施設の廃止対象設備

区　分	設　備
成型施設	貯蔵容器受入，ウラン受入，原料粉末受払，原料 MOX 粉末取出，混合，分析試料採取，スクラップ処理，粉末調整，圧縮成型，焼結，研削，ペレット検査，ペレット搬送，グローブボックス負圧・温度監視
被覆施設	スタック編成，搬送，挿入溶接，燃料棒検査・収容・解体，グローブボックス負圧・温度監視
組立施設	燃料集合体組立・洗浄・検査・搬送，梱包・出荷
核燃料物質の貯蔵施設	原料 MOX 粉末缶一時保管，ウラン貯蔵，ペレット一時保管，スクラップ貯蔵，製品ペレット貯蔵，燃料棒貯蔵，燃料集合体貯蔵，グローブボックス負圧・温度監視
放射性廃棄物の廃棄施設	建屋排気，工程室排気，グローブボックス排気，給気，窒素循環，工程室放射線計測，低レベル廃液処理，低レベル固体廃棄物貯蔵，
放射線管理施設	放射線監視，試料分析，個人管理，出入管理，環境管理
その他の加工施設	火災防護，照明，電源，核燃料物質検査・計量，小規模試験等

ボックス内にて行うので，グローブボックス負圧・温度監視設備が不可欠である。建屋や工程室，グローブボックスの排気系や，給気系，窒素素循環といった気体廃棄物が関わる設備がある一方，MOX を含む廃液や粉末・固体が低レベル放射性廃棄物として発生し，廃棄施設に保管・廃棄することになる。UO_2 を扱う加工施設に対して，MOX を扱う施設ではグローブボックスが基本となり，それに伴う設備，排気等の対応が必要なる。一方，廃棄物そのものは低レベル廃棄物の取扱となり，廃止措置においても勘案することになる。

9.3　濃縮施設

軽水炉燃料は 3～5％の低濃縮ウランを使用するので，濃縮施設が必要である。我が国では遠心分離による濃縮法が採用されており，遠心分離機に関わる情報が機微となる。表 9.6 にはウラン濃縮遠心分離機に係るロンドンガイドライントリガーリストを示す。回転胴に関しては，各部品の寸法，形状，材質，が重要な情報であり，規制される。この他，磁気浮遊軸受やダンパー，分子ポンプなどの性能も機微情報となる。従って遠心分離

表 9.6　ウラン濃縮遠心分離機に係るロンドンガイドライントリガーリスト

遠心分離機構成部品名		主要な仕様項目 (機微情報として管理すべきもの)
回転胴	ローター・チューブ	寸法（厚さ，直径） 形状（薄型シリンダー） 材料（高強度密度比材料）
	リング又はベローズ	寸法（厚さ，直径） 形状（螺旋円筒） 材料（高強度密度比材料）
	邪魔板 トップ・キャップ ボトム・キャップ	寸法（直径） 形状（円盤状） 材料（高強度密度比材料）
磁気浮遊軸受		寸法（内外径比） 形状（円盤状磁石，初期透磁率） 残留磁気 エネルギー生成 ハウジング材料（耐 UF_6 性）
軸受／ダンパー		形状
分子ポンプ		寸法（内径，壁圧，長さ－直径の比，溝深さ）
モーター／ステーター		周波数レンジ 出力レンジ 円環状固定子厚み

機廃止措置においては核拡散防止の観点からの機微情報消滅処理が必要であり，その処理技術としては，①高圧プレス，②溶融，③切断，④破砕がある。一方で，放射性廃棄物削減の観点から超音波浸漬等により汚染部分を除去する除染処理も必要となる。

　表9.7および表9.8にはウラン濃縮を行ってきた2つの事業所における加工施設の廃止対象設備を示す［8,9］。表9.7における廃止対象設備をみると，カスケード，高周波電源，といった濃縮器に係る設備と，UF_6処理，均質・ブレンディングといった原料および製品，廃品であるUF_6の取扱に関するものがあることが分かる。製品等を貯蔵施設にて保管・貯蔵するほか，廃棄施設では，UF_6を含む可能性のある排気や排水のほか，U付着した固体廃棄物を廃棄する。

　また，ウラン濃縮を商業的規模で実施している F 社における濃縮に係る

第9章　フロントエンド施設の廃止

表9.7　E機構における濃縮に係る加工施設の廃止対象設備

区　　分	設　　備
濃縮施設	カスケード，高周波電源，UF_6処理，均質・ブレンディング
核燃料物質の貯蔵施設	貯蔵，搬送
放射性廃棄物の廃棄施設	気体廃棄物（排気），液体廃棄物（管理廃水処理），固体廃棄物（付着U回収）

表9.8　F社における濃縮に係る加工施設の廃止対象設備

施設区分	設備区分	設　　備
濃縮施設	カスケード	遠心分離機
	高周波電源	インバータ装置
	UF_6処理	製品及び回収コールドトラップ，カスケード排気系ケミカルトラップ，発生槽，バッファタンク，製品及び廃品回収槽，一般パージ系ケミカルトラップ
	均質	シリンダ槽，コールドトラップ，ケミカルトラップ，ブースターポンプ，ロータリポンプ，サンプル小分け装置，NaF処理槽
	滞留U除去	ボンベ槽，IF7調整槽，コールドトラップ，排気系及びパージ系ケミカルトラップ，パージ系ブースターポンプ，排気系及び回収系ロータリポンプ，滞留U回収槽，回収及び循環用コンプレッサ，
核燃料物質の貯蔵施設	貯蔵，搬送	ANSI規格30B及び48Yシリンダ，滞留U回収容器，運搬台車
放射性廃棄物の廃棄施設	気体廃棄物	送風機，排風機，循環及び排気系フィルタユニット，排気ダクト
	液体廃棄物	管理廃水受水槽，反応槽，脱水機，砂ろ過器，管理廃水排水槽
	固体廃棄物	使用済NaF及び保管用バードケージ

廃止対象設備（表9.8）をみてみると，設備をカスケード設備，UF_6処理設備，均質設備，滞留U除去設備に分類している。前2者は濃縮機器に係るもので，遠心分離機とその電源である。後3者はUF_6の取扱いに係るもので，UF_6容器であるシリンダや排気系やパージ系に係るポンプ，トラップがある。特に，残留U除去系は，遠心分離機の除染に係るもので，気体

除染剤である IF7 の取扱設備が含まれる。貯蔵設備については原料，製品，廃品 UF_6 の容器であるシリンダが主となる。

9.4　人形峠環境技術センターにおける廃止措置［10-12］

1955 年 11 月，岡山県と鳥取県の県境にある人形峠にてウランの露頭鉱床が発見されると，翌 1956 年 8 月に，岡山県苫田郡上齋原村（現鏡野町）に原子燃料公社（旧動力炉・核燃料開発事業団，現日本原子力研究開発機構人形峠環境技術センター）が設立された。原子力研究，特にフロントエンドにおける研究開発が展開されてきたが，現在は関連施設の廃止措置が進行している。ここでは，鉱石から濃縮原料である UF_6 を製造する製錬転換施設と，濃縮ウランを製造する濃縮施設に分けて述べる。

9.4.1　製錬転換施設

ここでは，ウラン鉱石からイエローケーキ（U_3O_8），二酸化ウラン（UO_2）を経て，UF_4 を得る製錬工程と，UF_4 から UF_6 を製造する転換工程がある。製錬転換の工程を図 9.1 に示す。鉱石からのウラン回収方法として，加圧下での硫酸浸出を行うヒープリーチング法を含む湿式一貫製錬法を開発している。この図で湿式転換設備では一貫製錬法の研究開発と湿式法による UF_4 転換実証試験が行われた。また，乾式転換設備では東海再処理工場で回収された UO_3 からの UF_4 転換技術開発を行った。湿式および乾式法による UF_4 生成反応は以下のようになる。

$$U^{4+} + 4HF \rightarrow UF_4 + 4H^+ \tag{9-1}$$

$$UO_3 + 6HF \rightarrow UF_4 + 3H_2O + F_2 \tag{9-2}$$

さらに，UF_4 からの UF_6 製造は以下の反応により湿式乾式共通設備にて行った。

$$UF_4(s) + F_2(g) \rightarrow UF_6(g) \tag{9-3}$$

第9章　フロントエンド施設の廃止

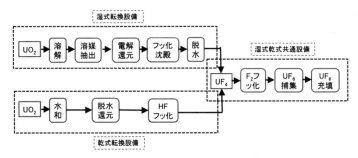

図9.1　転換工程のプロセス［12］

表9.9　製錬転換施設の廃止対象設備と解体方法［11］

施設名	対象設備	対　応
コールドトラップ室	UF_6 捕集設備	原位置解体
UF_4 処理室	UF_4 乾燥ロータリーキルン	原位置解体
水和転換室	水和機、脱水還元塔、フッ化塔	移動解体
脱水転換室	F_2 フッ化炉	移動解体
イエローケーキ溶解調製室	FRP 製大型タンク	原位置解体

　これらの施設ではUを含む固体，液体，気体を扱っており，廃止措置においても対応が必要となる。製錬転換施設の廃止措置は2008年より2011年で主要プロセス解体を行い，廃液処理・給排気設備解体および解体物一時保管に移行している。廃止対象設備と解体方法を表9.9に示す。ここでは，スクラップUF_4処理に使用したロータリーキルンやUF_6捕集用コールドトラップ，UF_6輸送・保管用48Y型シリンダを解体・撤去した。解体・撤去作業は2段階で実施している。対象箇所はコールドトラップ室，UF_4処理室，水和転換室である。対応には以下のものがある。

1) 原位置解体：ビニール製簡易フード（GH：Green House）内にて解体対象機器を解体・細断・保管し，GH撤去する。
2) 移動解体：塔槽類の大型機器を対象にフランジ等接続部分で設備より切り離し，専用切断フード内に移動して，細断・保管する。

製錬転換施設で使用される原料 UO_3 や製品 UF_6 に含まれる主要核種として，^{60}Co, ^{90}Sr, ^{99}Tc, ^{137}Cs, ^{232}U, ^{234}U, ^{235}U, ^{236}U, ^{238}U, ^{237}Np が検出されていたが，U同位体に対する放射能は極めて低い。ところが，コールドトラップ出口付近に ^{237}Np 濃集部分が存在した。これは UO_2F_2 付着物と NpF_6 ガスが反応し，NpF_4 に還元されて付着したことを挙げている。この反応は，フッ化物揮発再処理法において UO_2F_2 トラップにより PuF_6 を PuF_4 に還元して回収する方法に対応する [13]。

$$NpF_6(g) + UO_2F_2(s) + F_2(g) \rightarrow NpF_4(s) + UF_6(g) + OH_2(g) \qquad (9\text{-}4)$$

9.4.2 濃縮施設

日本原子力研究開発機構人形峠事業所にある濃縮施設には表9.10のようなものがある。人形峠事業所の場合遠心分離機で濃縮を行う。単機型の濃縮工学研究施設では，単機型濃縮器を使用し，1990.3に運転終了した。また，濃縮原型プラントでは，単機型（DOP-1）と複合型（DOP-1）がある。集合型は，一体の濃縮ユニットの中に単機型濃縮器を複数配置，配管したもので，性能と機密性を向上させている。

次に製錬転換施設および濃縮工学施設廃止における二次廃棄物発生量を表9.11に示す。いずれの施設においても，可燃物や難燃物1に対して，ビニール類の多ことが分かる。

表9.10 廃止措置対象の濃縮設備 [12]

施設名	対象設備	遠心分離機	処理能力 (tSWU/y)	運転開始	濃縮終了
濃縮工学施設	OP-1	単機型	≦約50	1979.7	1990.3
	OP-2			1982.3	
濃縮原型プラント	DOP-1	集合型	100	1988.4	2001.3
	DOP-2			1989.5	1999.11

第9章　フロントエンド施設の廃止

表9.11　施設廃止における二次廃棄物発生量（kg）[12]

施設名	可燃物 (紙, 布, 木材)	難燃物1 (ゴム類)	難燃物2 (ビニール)
製錬転換施設	3,500	1,050	14,180
濃縮工学施設	1,570	430	5,150

［参考文献］
[1]「核原料物質又は核燃料物質の製錬の事業に関する規則」，原子力規制委員会，(2022)
[2]「核燃料物質の加工の事業に関する規則」，原子力規制委員会，(2022)
[3]「廃止措置実施方針」，㈱グローバル・ニュークリア・フュエル・ジャパン，(2018)
[4]「廃止措置実施方針」，三菱原子燃料株式会社，(2018)
[5]「廃止措置実施方針」，原子燃料工業株式会社東海事業所，(2019)
[6]「廃止措置実施方針」，原子燃料工業株式会社熊取事業所，(2019)
[7]「MOX燃料加工施設廃止措置実施方針」，日本原燃株式会社，(2021)
[8]「六ケ所ウラン濃縮加工施設廃止措置実施方針」，日本原燃株式会社，(2020)
[9]「廃止措置実施方針（核燃料物質加工施設）」，日本原子力研究開発機構，(2021)
[10] 杉杖典岳，森本靖之，徳安隆志，田中祥雄，「製錬転換施設廃止措置プロジェクトの進捗状況」，日本原子力学会和文論文誌，12, 242-256 (2013)
[11] 八木直人，美田　豊，菅田信博「人形峠環境技術センターの廃止措置の現状について」，デコミッショニング技報，61, 2-12 (2020)
[12] 遠藤裕治，片岡　忍，山中俊広，美田　豊，「ウラン濃縮プラントにおける遠心機処理技術の開発—放射性廃棄物減容技術の開発—」，サイクル機構技法，7, 31-37 (2000)
[13] 佐藤修彰，桐島　陽，渡邉雅之，「ウランの化学（I）−基礎と応用−」，第12章，東北大学出版会，(2020)

第10章　JPDR の廃止措置とその後 [1,2]

10.1　JPDR の廃止措置 [1]

　日本原子力研究所（現日本原子力研究開発機構）の動力試験炉（Japan Power Demonstration Reactor；JPDR）は，1963年10月26日に，わが国で初めて原子力による発電を行った。JPDR は，商業用発電炉の先行炉として，米国ゼネラルエレクトリック社から導入された自然循環沸騰水型の軽水炉（BWR）である。1969年まで順調に運転を行い，商用発電炉の特性把握や国産燃料の照射試験等を行った。その後，炉心の熱出力を倍増させるため，自然循環方式から強制循環方式に改造を行い，1972年に JPDR-II として運転を再開した。しかし出力上昇試験中に冷却水の漏洩が発生し，その原因究明と復旧に3年間を費やしたものの，その後も冷却水漏洩等の故障が相次いで発生し，JPDR-II 計画の完成は大幅に遅延することとなった。

　このため研究所内外の専門家による検討を重ねた結果，JPDR-II 計画は変更し，廃止措置に関する技術開発や研究を行うことが適当との結論を得た。また，1982年には原子力委員会においても，将来の商用発電炉の廃止措置に向けての技術開発を行い，その成果を活用した解体実地試験を，JPDR を対象として行うことが決定された。これらの方針を受け，日本原子力研究所は，1982年，原子炉等規制法に基づく JPDR の解体届を提出した。

図 10.1　原子炉解体前の JPDR 全景

第2部　応用編

表10.1　JPDR 主要諸元

原子炉形式	沸騰水型（BWR 型）
原子炉熱出力	90,000 kW（当初 45,000 kW）
電気出力	12,500 kW
炉心寸法	直径 1,270 mm　高さ 1,470 mm
平均熱中性子束	3.8×10^{13} n/cm$^2 \cdot$ s
燃料	2.6%濃縮 UO$_2$ 約 4.2 t（72 燃料集合体）
原子炉圧力容器	材質　炭素鋼（ステンレス鋼内張） 主要寸法　直径 2 m，高さ約 8 m，胴厚さ約 73 mm

　原子炉の廃止措置には，解体に従事する作業者の放射線被ばくの低減や解体作業の効率化の観点から，遠隔解体技術を含む種々の技術が必要になると考えられた。このため，JPDR 解体実地試験に先立ち，確立が必要となる技術として，以下に示す8つの項目について開発を行った。

① 解体システムエンジニアリング

　解体費用の評価，最適な作業計画の作成，プロジェクトの管理等を行う計算コードシステムの開発を行った。本システムには，予め整備した原子炉の体系，運転履歴等の情報に基づき放射化量を計算する機能や作業管理に必要なデータ（人工数，廃棄物発生量，線量当量，費用等）を計算する機能を有している。これにより，原子力施設の解体計画の作成や検討が体系的に実施できるようになった。また，JPDR 解体実地試験におけるデータを効率的に収集し，それらを評価することを目的に，取得データの選定やデータ収集方法を検討し，データ収集システムを構築した。

② 放射能インベントリ評価技術

　運転を停止した原子炉施設に残存する放射能を計算と測定により評価する技術を開発した。計算による評価は，輸送計算コード（ANISN, DOT 3.5）及び放射化計算コード（ORIGEN, DCHAIN）を改良するとともに，これらのコード間のデータ受け渡しを効率的に行うように結合した計算

コードシステムを作成した。測定に関しては，測定が容易な^{60}Co, ^{152}Eu等のγ線放出核種以外に，^{3}H, ^{14}C, ^{36}Cl, ^{41}Ca等のβ線やX線を放出する測定が難しい放射性核種の評価も必要となる。これらの放射性核種については，元素の化学分離から放射能測定までの各手順を確立し，JPDR構造物の放射能評価を行った。また，炉内構造物や原子炉圧力容器内壁から測定試料を採取するため，水中において遠隔で試料を採取するための装置を開発した。

③ 放射能汚染非破壊測定技術

配管の外部からγ線をスキャニング測定する手法と測定データから配管内表面への沈着，水溶性，ガス状の状態ごとに放射性核種を定量する計算コードを開発した。また原子炉圧力容器内の特定の箇所の放射能測定を行うため，コリメータ（γ線ビームガイド）を用いて，周囲の放射能による妨害を低減する測定技術を開発し，放射化した構造物の放射能分布が把握できるようになった。

④ 解体工法・解体機器

原子炉施設に残存する放射能は，その大部分が炉心中央部に存在するため，主要な構造材である鋼構造物及びコンクリート構造物に対する解体技術を開発した。鋼構造物のうち，原子炉圧力容器の切断には水中アークソー切断工法，炉内構造物の解体には水中プラズマアーク切断工法を適用した。またコンクリート構造物の解体には，制御爆破工法や高圧の水に研磨材を添加してノズルから噴射する水ジェット工法を適用した。

⑤ 解体関連除染技術

原子炉施設の解体における作業者の被ばく低減を目的とした一次冷却系配管を対象に行う解体前除染と廃棄物の放射能レベルを低減させるために行う解体後除染について，それぞれ開発を行った。解体前除染としては，微粒子研磨剤を水とともに流し配管内面を研磨する方法，解体後除

第2部　応用編

染では，切断された配管等を除染溶液に浸漬させる方法等を適用した。

⑥ 解体廃棄物の処理・保管及び処分技術

　解体において発生した放射性廃棄物の合理的な減容処理，管理システム，保管容器製造について検討が行われた。金属廃棄物やブロック状コンクリートに対しては，表面を塗料でコーティングすることにより放射性核種が固定され，運搬や保管が効率的に行えるようになった。また，廃棄物の管理システムでは，放射性廃棄物の発生量を精度よく推定するとともに，発生から処分までのシナリオを作成，その経済性等を評価できるようになった。

⑦ 放射線管理技術

　作業者の被ばく低減や作業の効率化を図るため，解体作業に必要な各種測定機器（高放射線量率測定装置，搬出物品自動汚染検査装置，改良型塵埃モニタ等）を開発した。これにより，高い放射能レベルで汚染している一次冷却系配管や水中にある炉内構造物の表面線量率を遠隔で測定できるようになった。また放射線管理区域から搬出する物品を対象とする自動汚染検査装置を開発したことにより，測定からデータ処理，汚染の判定等を自動化し，解体作業において大量に使用される作業用器材，工具類の表面汚染検査を省力化した。

⑧ 解体遠隔操作技術

　原子炉施設内の種々の解体対象物に適用できる汎用的な遠隔ロボットシステムを開発した。基本技術の研究から着手し，軽作業及び重作業ロボットシステムの開発を段階的に進め，技術データを取得した。開発したロボットシステムの一つを用いて，JPDRの炉内構造物をプラズマアークにより水中切断するためのモックアップ試験を実施し，その有用性を確認した。

第 10 章 JPDR の廃止措置とその後

①〜⑧において開発した技術を用いて，JPDR の解体実地試験が行われた。解体撤去の範囲は，JPDR 原子炉施設に属する全ての建家，施設，設備とし，建家については地下 1 m までを撤去範囲とした。解体撤去は，作業者の被ばく低減の観点から，放射能レベルの高い機器類を先行して実施し，次いで建家の除染，建家の解体の順に実施した。放射能レベルが高く，作業者が直接解体することが困難な原子炉格納容器の内部については，開発した遠隔切断工法を適用した。特に放射能レベルの高い炉内構造物及び原子炉圧力容器胴部は，放射性物質を含むエアロゾルの発生を抑制するために水中で解体を行った。発生する廃棄物量は，合理的に可能な限り低減することとし，放射能レベルごと及び材質ごとに区分して

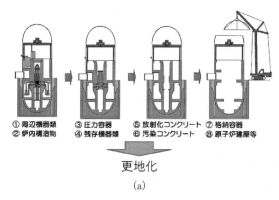

(a)

(b)

図 10.2　JPDR の (a) 解体手順と (b) 解体撤去後の外観

容器に収納し,保管した。本作業を通して,原子炉格納容器内の設備機器と放射化した炉内構造物,原子炉圧力容器接続配管,原子炉圧力容器,生体遮蔽体を安全に撤去できることを確認した。JPDRの解体手順及び解体撤去後の外観を図10.2(a),(b)に示す。

10.2 廃止措置により発生した廃棄物の管理

日本原子力研究所では,放射性廃棄物の取扱いに関する分類,区分の基準が定められており,JPDRの解体に伴って発生する廃棄物も原則的に,これらの基準に従った。しかし,解体廃棄物としての特性や発生状況を考慮し,将来の処理や合理的な処分への対応が容易となるように廃棄物の管理計画を策定した。

解体により発生した廃棄物は,管理区域から発生したものと非管理区域から発生したものに大別した。非管理区域から発生した廃棄物は金属とコンクリートに分類した。管理区域から発生した廃棄物は,放射性廃棄物と放射性廃棄物でない廃棄物,NR(Non-radioactive Waste)に分類した。放射性廃棄物でない廃棄物とは,管理区域から発生したが汚染の恐れのないものであり,以下のケースが該当する。

①使用履歴,設置状況等から,放射性物質の付着,浸透等による二次的な汚染がないことが明らかであるもの,または二次的な汚染の部分が限定されていることが明らかであって,当該汚染部分が分離されたもの
②十分な遮蔽体により遮蔽されていた等,施設の構造上,中性子線による放射化の影響を考慮する必要がないことが明らかであるもの
③計算等により,中性子線による放射化の影響が一般的に存在するコンクリートとの間に有意な差がないと評価されたもの,または有意な差がある部分が分離されたもの。金属の場合も同様の考え方が適用できる。

一方,発生した放射性廃棄物のほとんどは固体廃棄物であり,処理処分の方法,再利用の容易性等を考慮し,材質について以下のように分類した。

・金属類
  機器配管等鋼材，アルミニウム，ケーブル類，ダクト，保温材等
・コンクリート類
  生体遮蔽体，建家構造物等のコンクリート（ブロック状に解体撤去したものは，一体的に含まれる鉄筋類を含む），モルタル，土砂等
・解体付随廃棄物
  解体工事に伴い発生する可燃物（紙，布，木片，酢酸ビニル，ゴム手袋等），不燃物（塩化ビニル，ガラス，厚手ゴム，針金等），解体に使用した工具，機器類，解体作業に伴い発生するイオン交換樹脂，スラッジ等

汚染形態による分類は，将来の処理処分，再利用の適用を考慮し，放射化物と汚染物に区分した。

・放射化物
  JPDRの運転中に，中性子を吸収することにより放射化された炉内構造物，原子炉圧力容器，生体遮蔽体，
・汚染物
  JPDRの運転中に，放射性物質を含む液体，蒸気等に接触した履歴があるも，放射性塵埃等により表面が汚染した機器類，コンクリート類

このような考え方に基づき実施した，JPDR解体廃棄物全体の管理を図10.3に示す。
また，この様な管理に従い分類された，解体に伴って発生した廃棄物の内訳を表10.2に示す。

第 2 部　応用編

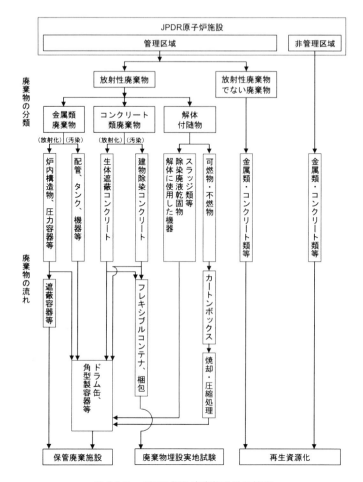

図 10.3　JPDR 解体廃棄物全体の管理

表 10.2　JPDR 解体廃棄物の内訳

	放射性廃棄物	非放射性廃棄物
金属類	1,190	2,070
コンクリート類	2,140	18,600
解体付随廃棄物	440	−
合　計	3,770	20,670

第 10 章　JPDR の廃止措置とその後

表 10.3　廃棄物の種類と放射能レベル区分

廃棄物の種類	レベル区分			
	I	II	III	IV
放射化金属 放射化コンクリート 汚染コンクリート (Bq/g)	$> 4 \times 10^3$	4×10^1 $\sim 4 \times 10^3$	4×10^{-1} $\sim 4 \times 10^1$	$< 4 \times 10^{-1}$
汚染金属 (Bq/cm^2)	$> 4 \times 10^5$	4×10^3 $\sim 4 \times 10^5$	4×10^1 $\sim 4 \times 10^3$	$< 4 \times 10^1$

　放射能レベル区分については，将来の廃棄物処理や埋設処分が可能な限り合理的に実施できるように配慮することが重要である。特に，放射能レベルが高い廃棄物の取扱いは，発生から運搬，保管までの作業従事者の放射線被ばくの低減を考慮する必要がある。一方，放射能レベルの極めて低い廃棄物は，「低レベル放射性廃棄物の陸地処分の安全規制に関する基本的考え方」(1985 年 10 月，原子力安全委員会決定) 等に示された極低レベル廃棄物の合理的処分，無拘束限界値（クリアランスレベル）の考え方を踏まえ，廃棄物を区分しておくことが重要と判断された。JPDR 解体廃棄物については，これらのことを考慮し，放射能レベルについて，表 10.3 に示す区分 I から IV を設定し，廃棄物を分別管理した。

　表 10.2 に示したように，原子炉施設の解体撤去により，大量の放射性廃棄物が発生するが，放射能レベルの極めて低い大量のコンクリート類に対する合理的な処分方法を確立することは重要な課題であった。そこで，日本原子力研究所では，JPDR 解体実地試験と並行して，解体により発生した放射性廃棄物のうち，放射能レベルの極めて低いコンクリート類を用いた廃棄物埋設実地試験を実施した [3]。

　廃棄物埋設実地試験施設（以下，廃棄物埋設施設という。）は，日本原子力研究所東海研究所（現原子力科学研究所）敷地の北側に位置しており，海岸線から約 200 m 内陸に入った標高約 8 m の平坦な場所に設置されている。

第2部 応用編

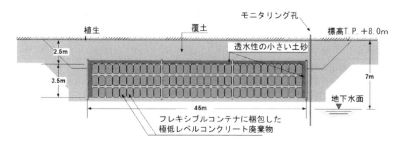

図10.4 廃棄物埋設施設の構造

　廃棄物埋設施設は図10.4に示すように，素掘りの埋設用トレンチに，容器に固形化していないコンクリート類（コンクリート等廃棄物）を定置した後，約2.5m厚の土砂で覆い，その上に植生を施した構造である。埋設用のトレンチは，約45m×約16m×深さ約3.5mの大きさであり，側面には土留めのための矢板が施されている。埋設用のトレンチは，全体を6区画に分割し，廃棄物の定置作業を行う区画の上部には，移動式のテントを設置し，作業中の雨水の侵入を防止した。廃棄物の周囲及び上部は周辺の土砂と比較し，透水性が低い土砂を用いている。埋設作業中の様子を図10.5に示す。

　本試験に使用したコンクリート等廃棄物（1,670トン）は，JPDR原子炉施設のうち，原子炉本体周囲に配置された生体遮蔽コンクリートの外周部分及び，原子炉建家等の床部分である。埋設対象とした部分を図10.6に示す。

　埋設対象とした生体遮蔽コンクリートは1,310トン，床等の除染によって発生した汚染コンクリートは約360トンである。これらのコンクリートは，直径約1m×高さ約1mのフレキシブルコンテナに収納した。またシールドプラグは，そのままプラスチックシートで梱包し，埋設用トレンチに搬入した。これらのコンクリート等廃棄物に含まれる放射性物質の種類ごとの放射能量及び最大放射能濃度を表10.4に示す。

146

第 10 章　JPDR の廃止措置とその後

図 10.5　埋設作業中の様子

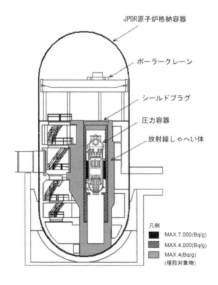

図 10.6　埋設対象部分

第2部 応用編

表10.4 放射性物質の種類ごとの放射能量及び最大放射能濃度

主要核種	放射能量 (Bq)			最大放射能濃度 (Bq/t)
	放射化物	汚染物	合 計	
^{3}H	1.7×10^8	7.5×10^6	1.8×10^8	1.1×10^6
^{14}C	4.0×10^5	6.9×10^6	7.3×10^6	2.0×10^4
^{36}Cl	1.2×10^4	—	1.2×10^4	7.7×10^1
^{41}Ca	7.4×10^5	—	7.4×10^5	4.8×10^3
^{60}Co	3.9×10^6	2.1×10^6	6.0×10^6	1.6×10^5
^{63}Ni	2.5×10^5	1.0×10^7	1.1×10^7	3.0×10^4
^{90}Sr	1.0×10^5	6.9×10^6	7.0×10^6	2.0×10^4
^{137}Cs	2.0×10^4	8.8×10^5	9.0×10^5	1.0×10^4
^{152}Eu	1.7×10^7	—	1.7×10^7	1.1×10^5
^{154}Eu	7.8×10^5	—	7.8×10^5	5.0×10^3
α線放出核種	3.4×10^3	2.2×10^5	2.2×10^5	6.4×10^2
合 計	1.97×10^8	3.57×10^7	2.33×10^8	—
重 量 (t)	1,310	360	1,670	—

　これらの放射能は前項の放射能インベントリ評価技術により求められている。放射能量は，解体前あるいは除染のためのはつり作業前に，エリアごとに核種別の放射能濃度を評価し，発生時のコンクリート重量との積として求めた。また放射化物については，JPDR の運転時間，中性子束密度等の履歴を基に，放射化計算を行うとともに，代表部位から採取したサンプルの測定結果により，計算結果に補正を加えている。汚染物については，発生エリアごとに採取した代表サンプルの非破壊γ線測定及び放射化学分析結果により決定した。

　廃棄物埋設施設の管理は，埋設段階（廃棄物の定置作業及び上部覆土の安定を確認する期間）と保全段階（埋設段階終了後，約 28 年間）にわけて実施している。廃棄物の定置作業は，1995 年 11 月から開始し，保全段階には，1997 年 10 月に移行した。埋設段階及び保全段階における管理を以下に示す。

第10章 JPDRの廃止措置とその後

埋設段階
・管理区域，周辺監視区域の設定
・周辺の線量等量測定，地下水位観測，地下水及び周辺土壌の放射能濃度の定期測定（環境モニタリング）
・最終覆土施工完了後，管理区域の解除と埋設保全区域の設定
・廃棄物埋設施設の巡視点検及び保守

保全段階
・埋設保全区域の継続，周辺監視区域の解除
・必要に応じ，地下水，土壌等の放射能濃度測定を実施（2014年以降は，核燃料物質又は核燃料物質によって汚染された物の第二種廃棄物埋設の事業に関する規則の改正に伴い，地下水位，地下水中の放射性物質の濃度の測定を毎月実施）
・廃棄物埋設施設の巡視点検及び保守

　環境モニタリングについては，バックグラウンドレベルを把握するため廃棄物の定置作業前から測定を開始した。最も放射能量が多く，かつ，移行しやすいと考えられるトリチウムについても，2023年現在まで，地下水中で顕著な増加は認められていない。また，周辺の線量当量等の測定値も，定置作業開始前と埋設終了後では測定値に有意な変化は観測されていない。
　本実地試験を通して，埋設施設の設計と整備，放射能濃度の評価手法，作業手順等を確立することができた。また，事前の環境影響評価において得られた，一般公衆に与えると予想される被ばく線量は極めて小さいものであり，十分に安全であるとの結果が得られていたが，長期間の環境モニタリングを通して実際にこれを確認してきた。これらの成果は，今後の原子力発電所の解体により発生する放射能レベルが極めて低いコンクリート廃棄物の合理的な処分に反映されることが期待される。本施設については，埋設開始から30年が経過する2025年以降，廃止措置計画の申請し，保全段階としての管理を終了する予定である。

第2部 応用編

[参考文献]
[1] 原子炉解体技術開発成果報告書-JPDRの解体と技術開発-, JAERI-Tech97-001, 日本原子力研究所 (1997)
[2] 宮坂靖彦他, 日本原子力学会誌, 38, 7, 553-576 (1996)
[3] 阿部昌義他, デコミッショニング技報, 15, 50-58 (1996)

第11章　Pu使用施設の廃止措置

11.1　Pu使用施設概要

　国立研究開発法人 日本原子力研究開発機構 原子力科学研究所（原科研）のプルトニウム研究1棟（Pu1棟）はプルトニウム取り扱い技術の確立とその基礎物性に関する研究の実施を目的として設置された日本初の施設である。1961年，当時の特殊法人日本原子力研究所 東海研究所にて竣工した。その後，約半世紀にわたり主にプルトニウムを取り扱った放射化学，物理化学，燃料化学，分析化学研究で多くの成果を生み出してきた。

　2005年，日本原子力研究所は核燃料サイクル開発機構と統合し，それに伴う事業合理化を目的に，研究施設の整理及び統合が計画され，2013年9月，日本原子力研究開発機構改革において，Pu1棟を含む6施設の廃止が決定された。これを受け，Pu1棟は，2014年度末をもって，核燃料物質及び放射性同位元素（RI）を使用した研究活動を終了することとなった。2024年度以降に，グローブボックス（GB），フード（HD）等の撤去が始まり，建屋の廃止措置に関わる工事が開始される予定である。（2023年7月現在）[1]

　本章では，Pu1棟の廃止措置に関連する各種の作業を概観し，化学的側面として，特に廃止措置に至る準備作業として行った核燃料の安定化処理やGB内の汚染固定に関して述べる。[2,3]

11.2　廃止措置手順

　Pu1棟では，ウランやプルトニウムを用いた燃料物性研究，溶液化学研究，分析化学研究等をいくつかの研究室が行ってきていたが，最終的に2013年度時点で，主に2つの利用研究グループが研究活動を行っており，数多くの研究用測定装置や実験装置を含む研究資材や多種多様な形態の核燃料・RIに加えて，研究廃液などを保有している状況で，これら研究資源の撤去から開始することになった。廃止措置に向けて，各研究グループで行った一連の作業を廃止措置に向けた準備作業と位置づけ，図11.1に

第2部　応用編

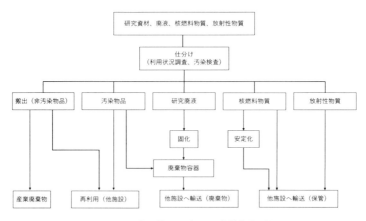

図 11.1　廃止措置に向けた準備作業手順

示したフローに従って，研究で利用していた装置や物資などの処理，処分を進めた。

　まず，研究で利用した装置類や核燃料物質，RI，研究廃液などはそれぞれ利用履歴を調査し，その結果を基に，使用状況，汚染状況を事前に推定したうえで，汚染検査等により汚染の有無を把握し，再利用可能な測定装置や RI などは他施設へ移設し，再利用不可能なものは廃棄物として処分する仕分けを行った。

　使用計画のない核燃料物質については，定められた保管施設に輸送後保管し，再利用が不可能なものは処理後に廃棄した。研究廃液は，セメント固化し，固体の核燃料は，輸送先の許認可等を考慮し，安定化処理し酸化物に転換した。これら一連の作業が終了したのち，GB や HD 等の研究設備の汚染状況調査を行い，汚染カ所の固定化などを行い，解体作業の開始まで保全した。

　すべての作業に関しては，規定等に則り安全に配慮して行われ，作業計画および作業要領を事前に策定し実施した。例として核燃料を含む廃液の処理と固体状の核燃料に関する安定化処理に関する手順フローを図 11.2

第 11 章　Pu 使用施設の廃止措置

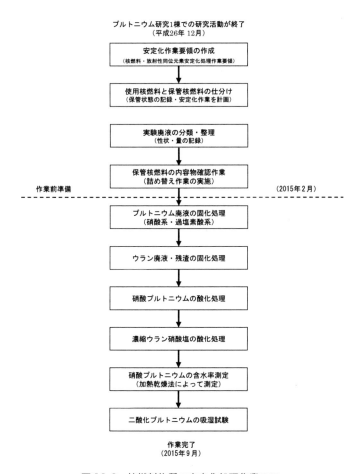

図 11.2　核燃料物質の安定化処理作業フロー

に示す。特に作業の安全性の帰趨を決定する作業要領の作成においては，作業の方法から体制，作業時の装備について記載され，核燃料の仕分けから始まり，金属缶や廃棄物容器への収納までその手順が詳細に記載された。

153

第2部 応用編

11.3 化学的アプローチ

Pu1棟では，様々な基礎研究が行われてきた経緯から，多様な化学形の核燃料やそれらを含有する研究廃液が存在した。これらを安定化処理したのちに，他施設へ輸送，あるいは廃棄体化し廃棄物容器に格納する必要がある。そこで本節では，廃液の固化，核燃料物質の安定化処理，汚染部位の飛散防止などに関する化学的側面について概観し，それらの処理の実際の作業について述べる。

11.3.1 固化，安定化処理および塗膜剥離型除染材の化学

放射性廃液等の固化に関しては，ガラス固化，セメント固化，溶融固化など様々な固化方法が放射性廃棄物の性状に応じて古くから検討されているが，研究目的で発生した廃液に関しては，放射性物質の含有量や線量などそれほど高くない場合が多いこともあり，製法が簡便なセメント固化が選択されることが多い。セメント固化は，石灰石などを焼塊したクリンカーに石膏を混ぜたポルトランドセメント，これに加えて高炉スラグを混ぜた高炉セメントが一般的に用いられる。[4, 5] 最近では，ポルトランドセメントよりもカルシウム成分含量が低いジオポリマーの適用なども盛んに研究されている。[6]

核燃料物質の安定化処理は，化学的に安定な酸化物に変換することである。プルトニウムは，シュウ酸塩により沈殿させ，シュウ酸プルトニウムを熱分解することで，PuO_2 を得る方法が，工業的にも一般的である。シュウ酸プルトニウムは，6水和物が徐々に脱水し，260〜400℃で酸化物を生成する。[7]

$$Pu(C_2O_4)_2 \cdot 6H_2O \xrightarrow[-2CO_2, -2CO, -6H_2O]{260℃ - 400℃} PuO_2 \qquad (10\text{-}1)$$

式 (10-1) では，分かりやすくするため，記述を簡略化したが，120℃〜260℃までは，COの脱離を考慮し，3価Pu化合物 $Pu_2(C_2O_4)_2(CO_3)$

やPuOCO$_3$などを経由する複雑な反応経路が考えられている。[7]

一方，ウランに関しては，重ウラン酸アンモニウム（(NH$_4$)$_2$U$_2$O$_7$：ADU）[8]，過酸化ウラニル（UO$_4$・H$_2$O）[9]，硝酸ウラニル（UO$_2$(NO$_3$)$_2$・nH$_2$O）[10]を熱分解し，UO$_3$に変換する。後述するようにPu1棟では，ウランは硝酸塩であったため，硝酸ウラニルの熱分解を利用した。常圧では，250℃～450℃までは，γ-UO$_3$，525℃以上ではβ-UO$_3$が生成する。[10]なお，重ウラン酸アンモニウム（NH$_4$)$_2$U$_2$O$_7$：ADU），過酸化ウラニル（UO$_4$H$_2$O）の沈殿とその性質については，参考文献［11，12］を参照されたい。

施設の廃止措置は，核燃等の許認可変更の進捗により，一時的な作業の待機状態が発生することが避けられない。このため，資材など搬出が完了し，汚染状況調査が行われたのち，塗膜剥離型除染材を塗布し，汚染の飛散防止を図った。ここで，使用された塗膜剥離型除染材は，米国スリーマイル島事故後の処理で注目を集めた，キレート剤（金属イオンと結合を作りやすい試薬）を含有した水溶性アクリル系樹脂で，商品名アララ™SD（販売元：株式会社日本環境調査研究所，製造元：藤倉化成株式会社）が用いられた。[13]

11.3.2 核燃料物質を含む廃液の固化

ウランもしくはプルトニウムの研究廃液は，安定化処理を行った上で固化処理しなければならない。廃液は硝酸，過塩素酸系などの酸を含むため中和した。また，廃棄物量を低減させるため，余分な水分の除去を目的に廃液を自然減容させた。減容後の廃液は，セメント固化するためポリ瓶に移した。水を加えると固まるインスタントセメント粉末を0.1～3L広口ポリ瓶に入れ，グローブボックス内に搬入した。セメント1kgあたり水150mLを加え，そこにプルトニウム廃液を混合・撹拌し固化するまでグローブボックス内において静置した。固化後，グローブボックスから固化体を搬出し2重PVCバッグ梱包して200Lのステンレス製廃棄物容器へ収納した。

11.3.3 核燃料物質の安定化処理

硝酸プルトニウムの安定化処理の作業手順を図11.3に示す。グローブボックス内で硝酸プルトニウムを100mLビーカーに分取し，1M硝酸を少量ずつ加えながら完全に溶解させた。必要に応じ，ホットプレートを用いて加温した。分取したプルトニウムの2倍当量のシュウ酸を含む1M硝酸溶液をプルトニウム硝酸溶液に加え，10分程度反応させることでシュウ酸プルトニウム沈殿を得た。沈殿は，孔径0.45μmのメンブレンフィルタで濾過し，シュウ酸プルトニウム濾物を回収した。シュウ酸プルトニウム濾物を，石英ビーカーに移しカンタルスーパー電気炉により1000℃で4時間加熱して，完全に酸化させた。酸化プルトニウムをガラスバイアル瓶に移し秤量し，2重PVCバッグ梱包してグローブボックスから搬出した。保管

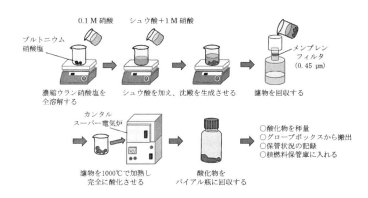

図11.3　硝酸プルトニウムの安定化処理作業手順

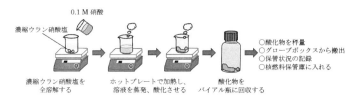

図11.4　濃縮ウラン硝酸塩の安定化処理作業手順

状況を記録した後，金属容器に入れ核燃料物質保管庫に保管した。この作業によって発生した廃液は 11.3.1 に記した方法で処理した。

　濃縮ウラン硝酸塩の安定化処理の作業手順を図 11.4 に示す。グローブボックス内で濃縮ウラン硝酸塩を秤量し，元素重量を確認した。0.1M 硝酸を少量ずつ加えて完全に溶解し，ホットプレートを用いて余分な硝酸溶液を蒸発させた。ホットプレートをさらに加熱することで硝酸を分解した。得られた酸化物残渣に関しては，重量変化が無くなるまで加熱及び冷却を繰り返し，最終的にガラスバイアル瓶に移し，保管状況の記録及びグローブボックスから 2 重 PVC バッグ梱包して搬出した。搬出後は金属容器に入れ核燃料物質保管庫に保管した。

11.4　二酸化プルトニウムの含水率及び吸湿性の確認

　保管する核燃料物質の含水率の制限がある施設では，購入時の証明書などで含水率が証明できるもの及び高温熱処理したものを除き，保管時の含水率を測定する必要がある。二酸化プルトニウムの含水率測定方法を確立した後，保管対象のプルトニウムの含水率を実測した。

11.4.1　加熱乾燥法による含水率測定

　加熱乾燥法による含水率測定の作業手順を図 11.5 に示す。最初に，二酸化プルトニウム含水率測定法として加熱乾燥法の適用の妥当性について，予備検討を行った。予備検討には，1000℃で 2 時間熱処理した二酸化プルトニウムを用いた。この二酸化プルトニウムの含水率は 0% と考えても良い。最初に，ビーカーに 100mg 程度分取し重量を測定した。その後，蒸留水を 30mg 加えて十分含水させた。さらに，ホットプレートで 350℃，30 分加熱乾燥させた後放冷し，重量を再度測定した。予備検討の結果，初期重量と乾燥後重量とが一致したため，本加熱乾燥条件により二酸化プルトニウムに含まれる水分は完全に除去可能であることを確認し，加熱乾燥法による含水率測定は妥当と結論した。

　次に，加熱乾燥法により実試料の含水率測定を行った。測定対象の核

第2部　応用編

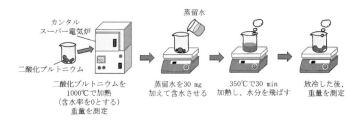

図11.5　加熱乾燥法による含水率測定の作業手順

燃料物質の一部又は全部をバイアル瓶に分取し，重量を測定した。次に核燃料物質が入ったバイアル瓶を，ホットプレートを用いて350℃で30分加熱した後，十分に冷却してから重量を測定した。最初に測定した重量から加熱後の重量を差し引く事で，核燃料物質中の含水量を算定し，含水率を算出した。

11.4.2　二酸化プルトニウムの吸湿試験

保管条件により，二酸化プルトニウムの含水率が制限値である16％を超える可能性の有無を調べるため，吸湿試験を行った。加熱乾燥法により含水率を確認した核燃料物質を試料とした。バイアル瓶の蓋を開放したままグローブボックス内に約二週間静置した。質量変化及び室内の湿度を毎日測定する事で吸湿による重量変化を確認した。室内及びグローブボックス内部の湿度はあまり差がないものとして考えた。含水率は2％〜4％の範囲におさまり，16％を超えることはなかった。以上の事から，通常の室内条件では二酸化プルトニウムの吸湿性は低く，含水率は16％よりも低く保たれており，保管可能な状態であると結論した。

11.5　グローブボックスの汚染状況の調査

グローブボックス内除染・汚染固定作業に先立って実施したグローブボックス内表面密度測定作業について記す。プルトニウム研究1棟には多

第 11 章　Pu 使用施設の廃止措置

数のグローブボックスがあり，様々な用途・使用形態で使用されてきた。そのため，グローブボックス内の汚染状況はグローブボックス毎にそれぞれ異なる。内装品撤去後のグローブボックス内の汚染レベルとして，各グローブボックスの床面の汚染レベルが高いと推測される一ヶ所を抽出し，表面密度をスミヤ法により測定した。

　グローブボックス内表面密度測定は以下のように実施した。汚染状況調査に先立ち，作業要領を作成し，作業の前に，汚染拡大防止対策としてグローブボックス及びフード周辺を酢酸ビニルシートで養生した。作業後に発生する可燃物は金属容器に収納した。満杯になったグローブボックス内の廃棄物容器は速やかにグローブボックスから搬出し，α廃棄物容器に収納することとした。

　スプーン型のスミヤ濾紙及びポリ袋を用意し，グローブボックスに搬入する前に，グローブボックス名及びスミヤ番号を記入した。スミヤ濾紙とチャック付ポリ袋をグローブボックスに搬入し，10 cm × 10 cm の範囲でスミヤした。測定箇所は，グローブボックスの中央部若しくは汚染レベルが高いと推測される箇所とした。採取したスミヤ濾紙をポリ袋に収納し，二重 PVC バッグ梱包して搬出した。試料をフードへ移し，梱包及びポリ袋を開封してスミヤ濾紙を取り出した。取り出したスミヤ濾紙は汚染を防止するために，α線が透過できる厚さのマイラーフィルムで挟み測定試料とした。フィルムを切り分け，α線及びβ（γ）線の計数率をシンチレーション式サーベイメータ及び GM 管式サーベイメータによりそれぞれ測定した。汚染状況調査終了後，GB 内に塗膜剥離型除染材（アララ™SD）を塗布し，GB 解体撤去までの間，汚染の飛散防止を図った。

［参考文献］
[1] 小室迪泰他，「プルトニウム研究 1 棟の廃止措置；計画と現状」小室迪泰ほか，AEA-Technology 2021-042（2022）
[2] 瀬川優佳里他，「プルトニウム研究 1 棟廃止措置準備作業」JAEA-Technology 2016-039（2017）
[3] 伊奈川潤他，「プルトニウム研究 1 棟核燃料物質全量搬出作業」JAEA-Technology

第 2 部　応用編

2021-001（2021）
[4] M. Atkins and F. P. Glasser, "Application of Portland Cement-based Materials to Radioactive Waste Immobilization", Waste Management, 12, 105 (1992)
[5] Junfeng Li, et al., "Solidification of radioactive wastes by cement-based materials", Prog. Nucl. Ener, 141, 103957 (2021)
[6] Vincent CANTAREL et al., "Geopolymers and Their Potential Applications in the Nuclear Waste Management Field – A Bibliographical Study –", JAEA-Review 2017-014, (2017).
[7] R. M. Orr, et al., "A review of plutonium oxalate decomposition reactions and effects of decomposition temperature on the surface area of the plutonium dioxide product", J. Nucl. Mat., 465, 756 (2015)
[8] C. N. Turcanu, R. Deju, "Thermal Analysis of Ammonium Diuranate", Nucl. Technol., 45, 188 (1979)
[9] R. Thomas et al., "Thermal Decomposition of $(UO_2)O_2(H_2O) \cdot 2H_2O$: Influence on structure, microstructure and hydroflorination", J. Nucl. Mat., 483, 149 (2017)
[10] R. S. Ondrejcin, T. P. Garrett, Jr., "The Thermal Decomposition of Anhydrous Uranyl Nitrate and Uranyl Nitrate Dihydrate", J. Phys Chem., 65, 470 (1961)
[11] J. R. Ainscough, B. W. Oldfield, "Effect of Ammonium Diuranate Precipitation Condition on the Characteristics and Sintering Behaviour of Uranium Dioxide", J Appl. Chem., 12, 418 (1962)
[12] "Continuous Precipitation of Uranium with Hydrogen Peroxide", Metall. Trans., 21B, 819 (1990)
[13] http://www.jer.co.jp

第12章 再処理施設の廃止

12.1 東海再処理施設の概要

東海再処理施設は,国立研究開発法人日本原子力研究開発機構(以下,「原子力機構」と記す。)の核燃料サイクル工学研究所内に立地し,茨城県那珂郡東海村の南東端,東側が太平洋に面した平坦地に位置する[1]。東海再処理施設の建設スケジュールが1967年4月の原子力開発利用長期計画[2]に記され,我が国初のプラント規模の再処理施設として1971年6月に東海再処理施設の建設が着工した。技術的な課題や日米原子力協定等に関わる政治的な問題を解決した後[3-8],東海再処理施設は1977年9月に使用済燃料を用いた試験に着手し,1980年12月に使用前検査合格証を受領して1981年1月に本格運転を開始した。東海再処理施設の処理能力は年間最大210 (t), 1日当たり最大0.7 (t)であり,2007年までに沸騰水型軽水炉(BWR),加圧水型軽水炉(PWR)及び新型転換炉原型炉「ふげん」等からの使用済燃料等を累計1,140トン,燃料集合体にして5,401体を処理してきた[9-14]。

東海再処理施設で採用した再処理方式は,使用済燃料を小片にせん断して硝酸に溶解した後,ウラン及びプルトニウムを分離・回収する溶媒抽

表12.1 東海再処理施設の処理対象使用済核燃料

原子炉	燃料	仕様	燃焼度 (MWD/t)		比出力 (MW/t)	冷却期間
			最高	平均		
軽水炉	低濃縮U	初期濃縮度 Max 4%	35,000	28,000	～35	180日
					36～40	182日
					41～45	183日
ふげん	低濃縮U	初期濃縮度 (Max 2.3%)	35,000	17,000	20以下	2年以上
	MOX Type-A	初期FP量 (1.4%)	20,000	12,000		
	MOX Type-B	初期FP量 (2.0%)	20,000	17,000		

出法（PUREX法）［15, 16］であり，海外の再処理施設で広く採用されている。東海再処理施設における処理対象燃料の仕様を表12.1に，主要工程概要を図12.1に，低レベル放射性廃棄物の処理工程概要を図12.2に示す。

　原子力発電所から搬入した使用済燃料は，燃料取出プールにて輸送容器（キャスク）から取り出され，燃料貯蔵プールに一時貯蔵される。使用済燃料は，せん断機で数センチの長さにせん断され，濃縮ウラン溶解槽にて硝酸溶液中に溶解される。溶解液は，不溶解残渣等を除去した後，溶媒抽出法によりウランとプルトニウムを含む溶液と核分裂生成物（FP）を含む溶液に分離される。ウランとプルトニウムを含む溶液は，さらにウラン溶液とプルトニウム溶液に分離・精製した後，それぞれ蒸発濃縮してウランは三酸化ウラン（UO_3）粉末，プルトニウムは硝酸プルトニウム溶液として回収し，その後ウランとプルトニウムを混合した二酸化物（MOX）粉末へ転換し，高速増殖炉原型炉「もんじゅ」等のMOX燃料の原料に再使用されてきた。

　東海再処理施設から発生する放射性廃棄物は，その性状や放射能レベルに応じて処理している。気体廃棄物は，換気系を通して洗浄・ろ過した後，放射性物質濃度を監視しながら排気筒から排出される。換気系は，設備に応じて槽類換気系，セル換気系及び建家換気系の3つに区分している。高レベル放射性廃液は，蒸発濃縮処理してから一定期間貯蔵後，ガラス固化体に処理される。低レベル放射性廃液は，蒸発濃縮処理した後にアスファルト固化していたが，1997年3月のアスファルト固化処理施設（ASP）火災爆発事故［17-21］以降，濃縮廃液を貯蔵している。蒸発濃縮処理で発生した凝縮液は，雑排水とともに油分等を除去した後，放射性物質濃度等が放出基準以下であることを確認して海洋に放出している。廃溶媒はプラスチック固化し，ドデカンは回収して再利用又は焼却処分している。固体廃棄物は放射能レベルや性状に応じて処理し，高放射性固体廃棄物は貯蔵施設に貯蔵する。焼却可能な低放射性固体廃棄物は焼却し，他の低放射性固体廃棄物は貯蔵施設に貯蔵している。

第12章 再処理施設の廃止

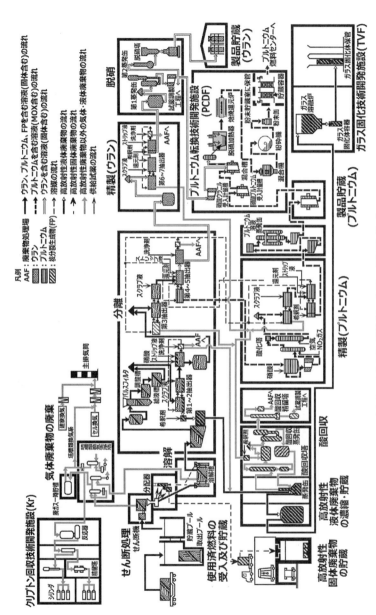

12.1 東海再処理施設の主要工程概要 [13]

第2部 応用編

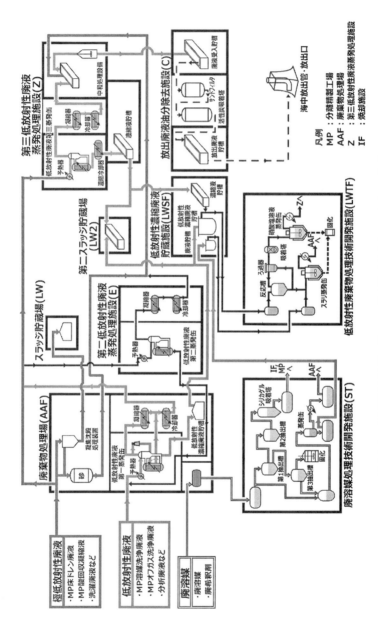

図12.2 東海再処理施設の低レベル放射性廃棄物処理工程概要 [13]

第12章 再処理施設の廃止

次に，東海再処理施設における各工程設備を紹介する。使用済燃料の受入及び貯蔵工程では，原子力発電所から搬入した使用済燃料を燃料取出プールにて輸送容器（カスク）から取り出し，燃料貯蔵プールにて一時貯蔵する。受入工程の主要設備は，輸送容器及び使用済燃料を取り扱う天井クレーン設備，燃料取出し設備，燃料移動設備等であり，分離精製工場（MP）の使用済燃料受入場，燃料取出しプール及びカスク除染室に設置している。貯蔵工程の主要設備は，燃料取扱操作設備，燃料貯蔵設備（燃料貯蔵バスケット），燃料移動設備等であり，分離精製工場（MP）の貯蔵プール及び濃縮ウラン移動プールに設置している。この他に付属設備としてプール水処理設備がある。

せん断工程では，使用済燃料を数センチの長さにせん断し，溶解工程に送る。せん断工程の主要設備は，せん断機，燃料移動設備，分配器，天井クレーン，マニプレータ，燃料装荷装置等であり，分離精製工場（MP）の濃縮ウラン機械処理セル，濃縮ウラン溶解槽装荷セル，除染保守セル等に設置している。

溶解工程では，使用済燃料を硝酸で溶解した後，溶解液から不溶解残渣等の固形粒子類を除去し，硝酸濃度等を調整して分離工程へ供給する。溶解工程の主要設備は濃縮ウラン溶解槽であり，分離精製工場（MP）の濃縮ウラン溶解セルに設置している。濃縮ウラン溶解槽は，平板状の貯液部（スラブ部）の両側に円筒状の溶解部（バレル部）があり，その間を連通管で結んだ構造になっている。竣工当初2基あった濃縮ウラン溶解槽は，1982年から1983年に腐食が原因で故障したため，当該2基を遠隔で補修するとともに，1984年に1基を追加設置した。溶解液からの不溶解残渣等を除去する主要設備は，溶解槽溶液受槽，パルスフィルタ等であり，分離精製工場（MP）の給液調整セル，分離第1セル等に設置している。パルスフィルタは，ステンレス焼結材をろ材に用いたろ過装置で竣工当初は1基のみ設置されたが，ろ材の目詰まりで工程が停止することから，施設の安定運転と稼働率向上を図るため1989年に1基を追加設置した。溶解液の硝酸濃度等の調整及び分離工程への給液に係わる主要設備は，調

第 2 部　応用編

整槽，給液槽等であり，分離精製工場（MP）の給液調整セルに設置している。

　分離工程では，溶媒抽出法により溶解液からウラン及びプルトニウムを分離する。分離工程の主要設備は抽出器（分離第 1 抽出器から分離第 5 抽出器）であり，分離精製工場（MP）の分離第 1 セルから分離第 3 セルに設置している。抽出器はミキサ部とセトラ部からなり，ミキサ部で溶媒と溶解液を撹拌混合し，セトラ部で両者を分離する。これを何段も組み合わせ，撹拌混合と分離を繰り返すことで溶解液からウラン及びプルトニウムを分離する。

　ウラン精製工程及びプルトニウム精製工程では，分離したウラン（硝酸ウラニル溶液）とプルトニウム（硝酸プルトニウム溶液）をそれぞれ精製・濃縮する。ウラン精製工程の主要設備は，抽出器（ウラン精製第 1 抽出器，第 2 抽出器）及び 2 段のウラン溶液蒸発缶であり，抽出器は分離精製工場（MP）のウラン精製セルに，ウラン溶液蒸発缶は分離精製工場（MP）及びウラン脱硝施設（DN）のウラン濃縮脱硝室に設置している。プルトニウム精製工程の主要設備は，抽出器（プルトニウム精製第 1 抽出器，第 2 抽出器）及びプルトニウム溶液蒸発缶であり，分離精製工場（MP）のプルトニウム精製セル及びプルトニウム濃縮セルに設置している。ウラン溶液蒸発缶のうち第 1 段目の蒸発缶は円筒状カラム部及びボイラ部からなり，第 2 段目の蒸発缶は加熱コイルを有する円筒状のものである。一方，プルトニウム溶液蒸発缶は，円筒状のカラム部（1 本）及びボイラ部（2 本）からなる。

　この他，劣化溶媒中の不純物除去や再利用のため溶媒回収工程では，分離工程及び精製工程で使用した溶媒の洗浄・回収を行う。溶媒回収工程の主要設備は溶媒洗浄器，希釈剤洗浄器，フィルタ等であり，分離精製工場（MP）の分離第 2 セル，分離第 3 セル，ウラン精製セル及び溶媒洗浄フィルタセルに設置している。さらにリワーク工程では，分離工程等において仕様から外れた溶液を受け入れ，必要に応じて調整した後，所定の工程に溶液を送り返す。リワーク工程の主要設備は各種の溶液を受け入

れる受槽であり，分離精製工場（MP）のリワークセルに設置している。

脱硝工程では，精製・濃縮された硝酸ウラニル溶液を脱硝し，UO_3 粉末をウラン製品として回収する。脱硝工程の主要設備は脱硝塔であり，分離精製工場（MP）のウラン濃縮脱硝室に1基，ウラン脱硝施設（DN）の濃縮脱硝室に2基設置している。

ウラン製品貯蔵工程及びプルトニウム製品貯蔵工程では，ウラン製品（UO_3 粉末）及びプルトニウム製品（硝酸プルトニウム溶液）を貯蔵する。ウラン製品（UO_3 粉末）は，専用の容器に収納し，専用のバードケージに収納して指定された運搬経路に従い，ウラン貯蔵所（UO_3），第二ウラン貯蔵所（$2UO_3$）及び第三ウラン貯蔵所（$3UO_3$）に運搬貯蔵する。

酸回収工程では，分離工程，精製工程，高放射性廃液濃縮工程等で発生する硝酸廃液から核分裂生成物を除去し，約 10（mol/L）の硝酸として回収する。酸回収工程の主要設備は酸回収蒸発缶及び酸回収精留塔であり，それぞれ分離精製工場（MP）の酸回収セル及び酸回収室に設置している。

放射性気体廃棄物の処理工程（槽類換気系）では，各工程の塔槽類から発生する気体廃棄物を，必要に応じて洗浄・ろ過等の処理を行い，放射性物質濃度を監視しながら排気筒から排出している。放射性気体廃棄物の処理工程（槽類換気系）の主要設備は酸吸収塔，洗浄塔，フィルタ，廃ガス貯槽等であり，分離精製工場（MP）の溶解オフガス処理セル，濃縮ウラン溶解槽装荷セル，高放射性廃液オフガスセル，ウラン濃縮脱硝室，槽類換気系室，排気フィルタ室，廃ガス貯蔵室，高放射性廃液貯蔵場（HAW）等に設置している。

高放射性廃液濃縮工程及び高放射性廃液貯蔵工程では，分離工程等から発生する高レベル放射性廃液を蒸発・濃縮した後，貯蔵する。高放射性廃液濃縮工程の主要設備は高放射性廃液蒸発缶であり，分離精製工場（MP）の高放射性廃液濃縮セルに設置している。高放射性廃液貯蔵工程の主要設備は高放射性廃液貯槽であり，分離精製工場（MP）の高放射性廃液貯蔵セルに容量約 90（m^3）の貯槽を 4 基（うち 1 基は予備），高放射

性廃液貯蔵場（HAW）の高放射性廃液貯蔵セルに容量約120m^{3}の貯槽を6基（うち1基は予備）設置している。

　低放射性廃液処理工程では，低放射性廃液を蒸発・濃縮し，貯蔵するとともに，処理済液の油分等を除去して海洋に放出する。蒸発・濃縮処理工程の主要設備は3基の蒸発缶であり，廃棄物処理場（AAF）の低放射性廃液蒸発セルに低放射性廃液第一蒸発缶，第二低放射性廃液蒸発処理施設の蒸発缶セルに低放射性廃液第二蒸発缶，第三低放射性廃液蒸発処理施設（Z）の蒸発缶セルに低放射性廃液第三蒸発缶を設置している。低放射性廃液第一蒸発缶の濃縮液の貯蔵設備は，廃棄物処理場（AAF）の低放射性濃縮廃液貯蔵セルに容量約250m^{3}の貯槽を3基，低放射性濃縮廃液貯蔵施設（LWSF）の第2濃縮廃液貯蔵セルに容量約250m^{3}の貯槽を3基設置している。低放射性廃液第三蒸発缶の濃縮液の貯蔵設備は，第三低放射性廃液蒸発処理施設（Z）に容量約250m^{3}の貯槽4基，低放射性濃縮廃液貯蔵施設（LWSF）の第1濃縮廃液貯蔵セルに容量約750m^{3}の貯槽1基を設置している。また，第二スラッジ貯蔵場（LW2）の濃縮液貯蔵セルに，低放射性廃液第一蒸発缶の濃縮液及び低放射性廃液第三蒸発缶の濃縮液を貯蔵する容量約1000m^{3}の貯槽1基を設置している。処理済液の海洋放出に係る主要設備は，放出廃液油分除去施設（C）に設置したサンドフィルタ，活性炭吸着塔等の油分除去設備及び容量約600m^{3}の放出廃液貯槽4基である。海中放出管は，放出廃液油分除去施設（C）から陸域部を経て沖合約3.7kmの放出口までの海底に埋設している。

　固体廃棄物の処理工程では，固体廃棄物の放射能レベルや性状に応じて処理する。高放射性固体廃棄物は，それぞれ専用の輸送容器に収納して指定された運搬経路に従い，高放射性固体廃棄物貯蔵庫（HASWS）及び第二高放射性固体廃棄物貯蔵施設（2HASWS）に運搬貯蔵する。これらの貯蔵施設は廃棄物を貯蔵する湿式貯蔵セル及び乾式貯蔵セルを有し，廃棄物を取り扱うクレーンがあり，第二高放射性固体廃棄物貯蔵施設（2HASWS）には，湿式貯蔵セルの水処理設備等がある。低放射性固体廃棄物は，発生元で可燃，不燃及び難燃の廃棄物に仕分けた後，それぞれ

第12章 再処理施設の廃止

収納容器に収納して廃棄物処理場(AAF)へ運搬する。またプルトニウム転換技術開発施設(PCDF)で発生した低放射性固体廃棄物は,専用の輸送容器に収納して第二低放射性固体廃棄物処理場(2LASWS)へ運搬する。焼却可能な低放射性固体廃棄物は,焼却施設(IF)で焼却処理する。

焼却施設(IF)の主要設備は,焼却炉,小型焼却炉,廃気処理設備である。焼却できない低放射性固体廃棄物は,第一低放射性固体廃棄物貯蔵場(1LASWS)又は第二低放射性固体廃棄物貯蔵場(2LASWS)の貯蔵室に貯蔵する。アスファルト固化体及びプラスチック固化体は,アスファルト固化体貯蔵施設(AS1)又は第二アスファルト固化体貯蔵施設(AS2)の貯蔵セルに貯蔵する。両施設は固化体取扱設備を有し,第二アスファルト固化体貯蔵施設(AS2)には固化体評価試験設備がある。

試薬調整設備では,各工程で使用する試薬を受け入れ調整し供給する。主要な設備は,各種試薬の調整・供給に用いる調整槽・中間貯槽等であり,分離精製工場(MP)の試薬調整区域等に設置している。

分析関係設備では,工程を管理するため各工程から試料を採取し湿式分析法・機器分析法等で分析する。主要な設備は,分析試料を採取する真空方式又はエアリフト方式の分析試料採取設備,採取試料を分析所(CB)等に送る空気圧送式分析試料輸送装置,分析所(CB)等に設置した分析用セルライン,分析用グローブボックスライン,各種分析装置等である。

計装関係設備では,工程を監視・制御するために,各工程の液面,界面,圧力,温度,密度,流量,電導度等を測定する。計装関係設備は検出部,伝送部,受信部,操作部からなり,検出部からの信号は空気式計装又は電気式計装により制御室へ伝送して標示又は記録し,必要に応じて警報発報や制御操作を行う。

放射線管理設備は,東海再処理施設の従業員及び周辺公衆の放射線管理を行うための設備であり,以下に示す設備がある。① 線量率,空気中放射性物質濃度,表面汚染密度及び放射性気体廃棄物放出量を測定する

エリアモニタ，ダストモニタ，排気モニタ等の固定式の放射線モニタ（定置式）と補完測定するサーベイメータ類。② 万一の臨界事故発生を直ちに検知し，警報を発する臨界警報装置。③ 出入管理モニタリングで使用する出入管理装置等の放射線管理用機器。④ 被ばく管理を行う個人被ばく管理用機器。⑤ クリプトン，ヨウ素及びダストを測定する排気モニタリング設備。⑥ 排水モニタリング設備，気象観測設備，モニタリングステーションやモニタリングカー等の環境放射能関係設備。

　換気設備（建家換気系及びセル換気系）は，東海再処理施設の建家内を4区域に区分し，空気の流れが汚染の低い方から高い方へ流れるよう管理している。① ホワイト区域：事務室等，汚染のない区域。② グリーン区域：操作区域等，平常運転時には汚染のない区域。③ アンバー区域：保守区域や一部工程を含む区域で，若干の汚染が考えられる区域。④ レッド区域：セル内区域で汚染の考えられる区域。建家換気系はホワイト区域，グリーン区域及びアンバー区域の換気を扱い，給気系には送風機，フィルタ等があり，排気系にはフィルタ及び排風機等がある。セル換気系はレッド区域の換気を扱い，排気系にフィルタ及び排風機等がある。給気は 原則としてアンバー区域から行い，レッド区域からアンバー区域への逆流を防止するため必要に応じてダンパ等を設けている。

　東海再処理施設の運転に必要なユーティリティを供給するための設備として，電源設備，非常用電源設備，圧縮空気設備，浄水設備，純水設備，冷却水設備，冷水設備，蒸気設備がある。電源設備は，東京電力株式会社から核燃料サイクル工学研究所の特高変電所で受電し降圧後，東海再処理施設のユーティリティ施設（再UC）等で受電し，各施設建家へ配電している。非常用電源設備は，臨界警報装置等の安全管理計器，非常灯等の給電中断を許容できない設備に無停電電源装置を，短時間の給電中断を許容する設備に非常用発電機から給電できるようにしている。圧縮空気設備は，計装用圧縮空気と工程用圧縮空気を製造する空気圧縮機を備えている。浄水設備は，茨城県から購入した上水を核燃料サイクル工学研究所の給水施設を経て東海再処理施設内に供給している。純水設

備は，ユーティリティ施設（再UC）等に設置しており，浄水を純水装置で処理して各工程に供給している。冷却水設備は，冷却塔，冷凍機と送水ポンプからなり，プロセス用及び空調用があり，ユーティリティ施設（再UC）等に設置している。冷水設備は，冷凍機と送水ポンプからなり，プロセス用及び空調用があり，ユーティリティ施設（再UC）等に設置している。蒸気設備は，核燃料サイクル工学研究所の中央運転管理室のボイラで製造し供給している。

この他，東海再処理施設には技術開発を目的とした施設設備があり，以下に主な試験施設の概要を記す。

小型試験設備は分析所（CB）にあり，溶解試験，溶媒抽出試験等を行うため，セル，グローブボックス，試験装置等を備えている。

クリプトン回収技術開発施設（Kr）は，分離精製工場（MP）のせん断機及び濃縮ウラン溶解槽からの廃気に含まれる放射性核種のクリプトンを回収・固定化試験［22］を行う施設である（他の再処理施設では設置されていない。）。主要設備として原料ガス中間貯槽，反応器，主精留塔，クリプトン貯蔵シリンダ，キセノン貯蔵シリンダ等があり，原料ガス受入セル，前処理セル，分離セル，クリプトン貯蔵セル，キセノン貯蔵セル等に設置している。

プルトニウム転換技術開発施設（PCDF）は，硝酸プルトニウム溶液及び硝酸ウラニル溶液からMOX粉末への転換試験を行う施設である。主要設備として脱硝加熱器，焙焼還元炉，粉砕機，混合機，硝酸プルトニウム受入計量槽，硝酸プルトニウム貯槽，混合液貯槽等があり，主工程室，受入セル，貯蔵セル，混合セル等に設置している。

廃溶媒処理技術開発施設（ST）は，廃溶媒，廃希釈剤の処理試験を行う施設である。主要設備として抽出槽，シリカゲル吸着塔，蒸発缶，充填・撹拌装置等があり，希釈剤分離セル，シリカゲル吸着塔室，廃液蒸発セル，固化処理室等に設置している。

ガラス固化技術開発施設（TVF）は，高レベル放射性廃液のガラス固化試験を行う施設であり，ガラス固化技術開発棟及びガラス固化技術管

理棟からなる．主要設備として受入槽，濃縮器，溶融炉，溶接機，クレーン設備，保管ピット等があり，これらをガラス固化技術開発棟の固化セル，搬送セル，保管セル等に設置している．

これら東海再処理施設の主要な施設と竣工年月を表 12.2 に示す．施設の多くが竣工から長期間を経過していることが分かる．このため，これら施設建家や内蔵する設備の保守点検，補修更新などに莫大な費用が必要となる．そこで，原子力機構は，東海再処理施設の安全性を担保する上で性能を維持すべき施設設備等を絞り込み，高経年化対策として計画的な補修更新等を進めている．

東海再処理施設は，当初フランスから導入した設計や技術で建設されたが，分離精製工場（MP）に設置された酸回収蒸発缶，濃縮ウラン溶解槽，酸回収精留塔等の大型機器の腐食による故障及び燃料導入コンベアの機械的故障等における機器の交換や補修を経験し，その都度国内技術の導入を図ってきた [23-34]．また，回収したプルトニウム溶液をウランと混合してマイクロ波直接脱硝法によりプルトニウム・ウラン混合酸化物（MOX）に処理する技術 [6, 35] や，発生した高レベル放射性廃液を原料ガラスと直接通電ジュール加熱方式のガラス溶融炉内で混合溶融して溶融炉下部から流下してガラス固化体に製造する技術 [36] を，関係機関の協力を得ながら構築してきた．これら MOX 脱硝処理技術やガラス固化体製造技術は，六ケ所再処理工場への技術移転を進めしている．さらに，MOX 処理技術は高速増殖炉原型炉「もんじゅ」燃料等に再使用され，MOX 燃料製造技術の開発 [6, 37] や新型炉の研究開発 [38, 39] に寄与している．また，東海再処理施設の運転・技術開発を通して蓄積した知見は民間再処理事業者や国内メーカーの技術者育成に活用するなど，再処理技術の国内定着に貢献している [3-7, 9-14, 23-26]．

一方で，1997 年 3 月に東海再処理施設のアスファルト固化処理施設（ASP）で火災爆発事故を起こし，事故原因の究明及び対策の実施を含めた活動 [18-20] を遂行し，地元自治体の容認を得て 2000 年 11 月に運転再開できるまで 4 年弱の期間を要した．運転再開後，2006 年 3 月に電気事

第 12 章　再処理施設の廃止

表12.2　東海再処理施設の主要施設と竣工年月 [13]

施　設　名	竣工年月	施　設　名	竣工年月
分離精製工場（MP）	1974.10	第二スラッジ貯蔵場（LW2）	1981.8
廃棄物処理場（AAF）		クリプトン回収技術開発施設（Kr）	1983.9
高放射性固体廃棄物貯蔵庫（HASWS）	1972.8	プルトニウム転換技術開発施設（PCDF）	1982.10
除染場（DS）	1973.4	廃溶媒処理技術開発施設（ST）	1984.4
分析所（CB）	1974.1	高放射性廃液貯蔵場（HAW）	1986.3
スラッジ貯蔵場（LW）	1974.10	ウラン脱硝施設（DN）	1984.10
第二低放射性廃液蒸発処理施設（E）	1975.8	第一低放射性固体廃棄物貯蔵場（1LASWS）	1985.6
ウラン貯蔵所（UO_3）	1974.11	第二アスファルト固化体貯蔵施設（AS2）	1988.3
第三低放射性廃液蒸発処理施設（Z）	1979.1	第二高放射性固体廃棄物貯蔵施設（2HASWS）	1990.3
第二ウラン貯蔵所（$2UO_3$）	1979.3	ガラス固化技術開発施設（TVF）	1992.4
放出廃液油分除去施設（C）	1979.10	焼却施設（IF）	1991.7
第二低放射性固体廃棄物貯蔵場（2LASWS）	1979.5	第三ウラン貯蔵所（$3UO_3$）	1991.6
アスファルト固化処理施設（ASP）	1982.3	ユーティリティ施設（再UC）	2003.12
アスファルト固化体貯蔵施設（AS1）	1982.4	低放射性濃縮廃液貯蔵施設（LWSF）	2002.11
廃溶媒貯蔵場（WS）	1981.7	低放射性廃棄物処理技術開発施設（LWTF）	2006.9

業者との再処理契約が終了し，2007年5月に耐震性向上工事で運転を停止するまで，ふげん使用済MOX燃料の再処理等技術開発等を行った。この耐震性向上工事は，2006年9月の発電用原子炉施設に関する耐震設計審査指針の改訂を受け，同審査指針が再処理施設の耐震設計においても参照されることから東海再処理施設の耐震バックチェックを行い，必要となる施設の耐震性を向上させることを目的に実施した。

2011年3月に東北地方太平洋沖地震が発生し，東海再処理施設は数日間にわたる商用電源の受電や工業用水の受入が停止したが，津波による施設内への河川水流入はなく，施設を安全に維持できた。地震発生時の東海再処理施設の核燃料物質等の管理状況は，2007年5月に耐震性向上工事で運転を停止した際の状態（通常の運転停止時に核燃料物質を回収した状態）を維持していた。具体的には，せん断前の使用済燃料集合体は貯蔵プール内で，回収したウラン製品（UO_3粉末）やプルトニウム製品（硝酸プルトニウム溶液，MOX粉末）等は各施設で安全に保管貯蔵していた。また，東海再処理施設は地震発生後，経済産業大臣より2011年5

月に指示された福島第一・第二原子力発電所等の事故を踏まえた緊急安全対策，及び同年6月のシビアアクシデント対応に関し，冷却機能確保，水素掃気機能確保，電源確保，事故時の対応，浸水防止の対策を実施している [40]。

さらに，東海再処理施設は，2004年4月から2005年9月にかけて施設の定期的な評価として，各施設建家の供用開始から2004年3月までの保安活動の妥当性を確認するとともに，施設建家の安全性及び信頼性向上のための有効な追加措置を摘出・実施することで，当該施設が安全な状態で運転を継続できる見通しを得るための取組を行った [12]。具体的な実施項目は，(1)東海再処理施設における保安活動の実施の状況の評価（運転経験の包括的な評価），(2)東海再処理施設に対して実施した保安活動への最新の技術的知見の反映状況の評価，(3)経年変化に関する技術的な評価及び(4)経年変化に関する技術的な評価に基づき再処理施設の保全のために実施すべき措置に関する十年間の計画の策定の4項目を行った。この定期的な評価に係る取組から10年後の2015年に，後述する原子力機構の集中改革と合わせ，東海再処理施設は第2回の定期的な評価を行った [13]。

2012年9月に原子力規制委員会が発足し，2013年12月に再処理施設を含めた核燃料施設等の新規制基準が施行された。この間，2013年8月に文部科学省より原子力機構の改革の基本的方向が示され，原子力機構は一年間の集中改革 [41] を行った。その結果，原子力機構は新規制基準の施行を踏まえた費用対効果を勘案し，使用済燃料のせん断，溶解等を行う一部施設の使用を取りやめ，東海再処理施設の廃止措置計画を認可申請する方向で検討を進めることを，2013年9月に表明した。

一方で原子力機構は，東海再処理施設の潜在的リスクを低減するため，保有するプルトニウム溶液及び高レベル放射性廃液の固化・安定化を図ることの必要性を原子力規制委員会へ説明し，2013年12月に原子力規制委員会より，東海再処理施設の新規制基準への適合確認を待たずに，これら固化・安定化に係る作業を行うことの了解を得た。これを受け，

2014年4月から2016年7月にプルトニウム転換技術開発施設（PCDF）でのMOX転換処理を行い［43］，ガラス固化技術開発施設（TVF）において高レベル放射性廃液のガラス固化処理を2016年1月に開始した。2016年1月に原子力規制委員会が東海再処理施設等安全監視チームを設置し，この会合で廃止措置に向けた安全確保の在り方，施設の高経年化や放射性廃棄物の管理・処理処分に関して意見交換することとなった。また，同年8月に原子力規制委員会より東海再処理施設の廃止に向けた計画等の検討に関する報告を指示され，原子力機構は同年11月に計画等［44-46］を報告した。原子力機構はこれらの対応を進め，2017年6月に東海再処理施設の廃止措置計画を申請し，2018年6月に原子力規制委員会より廃止措置計画の認可を受けた。廃止措置計画認可申請書（以下，2017申請書とする。）［47］の本文および添付書類に関わる記載項目を，表12.3および表12.4に示す。

12.2 廃止措置手順

表12.3 東海再処理施設の廃止措置計画認可申請書本文の記載項目［47］

一	氏名又は名称及び住所並びに代表者の氏名
二	廃止措置に係る工場又は事業所の名称及び所在地
三	廃止措置対象施設及びその敷地
四	廃止措置対象施設のうち解体の対象となる施設及びその解体の方法
五	廃止措置期間中に性能を維持すべき再処理施設
六	性能維持施設の位置，構造及び設備並びにその性能，その性能を維持すべき期間並びに再処理施設の性能に係る技術基準に関する規則(平成二十五年原子力規制委員会規則第二十九号)第二章及び第三章に定めるところにより難い特別の事情がある場合はその内容
七	使用済燃料，核燃料物質及び使用済燃料から分離された物の管理及び譲渡しの方法
八	使用済燃料又は核燃料物質による汚染の除去
九	使用済燃料，核燃料物質若しくは使用済燃料から分離された物又はこれらによって汚染された物の廃棄
十	廃止措置の工程
十一	施設定期検査を受けるべき時期
十二	回収可能核燃料物質を再処理設備本体から取り出す方法及び時期
十三	特定廃液の固型化その他の処理を行う方法及び時期

第 2 部　応用編

表 12.4　東海再処理施設の廃止措置計画認可申請書添付書類の記載 [47]

一	既に回収可能核燃料物質を再処理設備本体から取り出していることを明らかにする資料
二	廃止措置対象施設の敷地に係る図面及び廃止措置に係る工事作業区域図
三	廃止措置に伴う放射線被ばくの管理に関する説明書
四	廃止措置中の過失、機械又は装置の故障、浸水、地震、火災等があった場合に発生すると想定される事故の種類、程度、影響等に関する説明書
五	使用済燃料又は核燃料物質による汚染の分布とその評価方法に関する説明書
六	性能維持施設及びその性能並びにその性能を維持すべき期間に関する説明書
七	廃止措置に要する資金の額及びその調達計画に関する説明書
八	廃止措置の実施体制に関する説明書
九	品質保証計画に関する説明
十	回収可能核燃料物質を再処理設備本体から取り出す工程に関する説明書
十一	特定廃液の固型化その他の処理の工程に関する説明書

　東海再処理施設の廃止措置対象施設は，再処理事業の指定があった全ての施設であり，管理区域を有する約 30 施設の管理区域の解除を行う。2016 年 11 月，原子力機構が原子力規制委員会へ報告した東海再処理施設の廃止に向けた計画 [44] の基本方針として，下記 6 項目が記されている。また，2017 申請書 [47] にも，同等の内容が記されている。

(1) 保有する液体状の放射性廃棄物に伴うリスクの早期低減を当面の最優先課題とし，これを安全・確実に進めるため，施設の高経年化対策と新規制基準を踏まえた安全性向上策を重要項目として実施する。
(2) 具体的に，当面はリスクを速やかに低減させるため，① 高放射性廃液貯蔵場（HAW）の安全確保，② 高レベル放射性廃液のガラス固化技術開発施設（TVF）におけるガラス固化，③ 高放射性固体廃棄物貯蔵庫（HASWS）の貯蔵状態の改善，④ 低放射性廃棄物処理技術開発施設（LWTF）における低放射性廃液のセメント固化を最優先で進める。
(3) 先行して使用を取りやめる主要 4 施設（① 分離精製工場（MP），② ウラン脱硝施設（DN），③ プルトニウム転換技術開発施設（PDCF）

及び④クリプトン回収技術開発施設（Kr））は，工程洗浄・系統除染等の実施により分散している核燃料物質を集約しリスク低減を図る。これらの施設に貯蔵する使用済燃料及び回収核燃料物質は，当面の貯蔵の安全を確保するとともに，搬出先が確保できたものから随時施設外に搬出する。

(4) 他の施設は，廃棄物の処理フロー等を考慮し，高放射性固体廃棄物貯蔵庫（HASWS），高放射性廃液貯蔵場（HAW），ガラス固化技術開発施設（TVF）等の高線量系の施設から段階的に廃止に移行し，順次，低レベル放射性廃棄物を取り扱う施設の廃止を進め，全施設の管理区域解除を目指す。

(5) 低レベル放射性廃棄物については，必要な処理を行い，貯蔵の安全を確保するとともに，廃棄体化施設を整備し廃棄体化を進め，処分場の操業開始後随時搬出する。

(6) バックエンド対策を原子力機構の重要な事業の一つとして着実に進めていくため，原子力機構本部の体制強化を図るとともに，施設現場において廃止措置の進捗に応じて体制を最適化していく。

上記(1)，(2)に記したリスク低減に係る施設，上記(3)に記した先行して廃止措置に着手する施設を図12.3に示す。東海再処理施設の廃止措置は上記の基本方針に従って進められている。

東海再処理施設の廃止措置に向けた工程は，「リスク低減の取組」，「主要施設の廃止」，「廃棄物処理・廃棄物貯蔵施設の廃止」の3つの項目に分類される。2017申請書［47］に，廃止措置完了までの具体的な作業手順等は記されておらず，必要となる作業の計画をその都度策定して認可変更申請することとしている。原子力機構は，廃止措置業務の進捗状況等を管理する業務計画書を策定すること，また廃止措置計画を変更する際に措置すること等を再処理施設保安規定に定める旨，2017申請書［47］に記載している。

上記の通り，東海再処理施設の廃止措置に向けた工程は，「リスク低減の

第 2 部　応用編

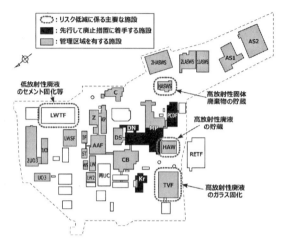

図 12.3　東海再処理施設のリスク低減に係る施設及び先行して廃止する施設
(建家名称は表 12.2 を参照)

取組」を最優先として，以下の 4 項目の作業を進めている [48]。

(1) 高レベル放射性廃液を貯蔵している高放射性廃液貯蔵場（HAW）の安全確保

高放射性廃液貯蔵場（HAW）は，高レベル放射性廃液をガラス固化技術開発施設（TVF）へ移送し終えるまで，長期間の貯蔵管理を要するため，再処理維持基準規則を踏まえた安全対策を実施している。具体例として，電源車や可搬型蒸気供給設備の配備等による高レベル放射性廃液の沸騰防止対策，地盤改良工事による耐震性向上対策，津波防止柵の設置等を進め，施設の安全性向上を図っている。

(2) ガラス固化技術開発施設（TVF）での高レベル放射性廃液のガラス固化

ガラス固化技術開発施設（TVF）は，高レベル放射性廃液をガラス固化し，高レベル放射性廃棄物の長期間保管の安全性を向上させるととも

に，ガラス固化に要する期間をできるだけ短縮するため，ガラス溶融炉の改良及び運転体制の強化等を図っている。また，近い将来ガラス固化体の本数がガラス固化技術開発施設（TVF）の固化体保管容量を超えるため，ガラス固化体を保管する新規保管施設の設計を進めている。

(3) 高放射性固体廃棄物貯蔵庫（HASWS）の貯蔵状態の改善

高放射性固体廃棄物貯蔵庫（HASWS）は，高レベル放射性固体廃棄物（ハル・エンドピース等）がセル内で不適切な貯蔵状態にあるものの，これら廃棄物を取出す設備がないため，これら廃棄物を回収して再貯蔵することができない。そこで，これら廃棄物の貯蔵状態を改善するため，新たに取出し建家を付設し廃棄物の取出し装置を設置する準備を進めている。また，取り出した廃棄物は，新規建設予定の貯蔵施設（HWTF-1）で貯蔵管理することを計画している。取出し建家及び貯蔵施設（HWTF-1）の概要を図12.4に示す。

(4) 低放射性廃棄物処理技術開発施設（LWTF）での低放射性廃液セメ

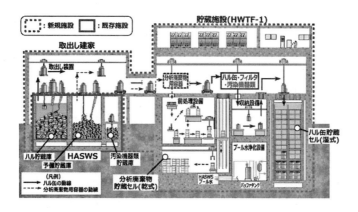

図12.4　新規建設予定の貯蔵施設（HWTF-1）のイメージ [48]

第2部　応用編

ント固化

　低放射性廃棄物処理技術開発施設（LWTF）は，竣工し試運転段階であるが，近年の廃棄体化技術の進展を踏まえ，ホウ酸ナトリウムを用いた中間固化体を製造する蒸発固化設備から埋設処分可能なセメント固化設備への改造を進めている。また，セメント固化体を浅地中処分する際に廃液に含まれる硝酸性窒素（環境規制物質）による環境影響を低減するため，廃液中の硝酸根を分解する設備を整備する。これらの改造・整備により，低放射性濃縮廃液の固化・安定化を行い，低放射性濃縮廃液に係るリスク低減を図る。低放射性廃棄物処理技術開発施設（LWTF）のセメント固化処理工程の概要を図12.5に示す。

　東海再処理施設の廃止措置に向けたロードマップの中で，一般的な廃止措置に該当する項目は，「主要施設の廃止」と「廃棄物処理・廃棄物貯蔵施設の廃止」である。東海再処理施設の廃止措置では，これらを図12.6に示すように3段階に分け，第1段階（解体準備期間），第2段階（機器解体期間），第3段階（管理区域解除期間）と記したイメージで，廃止措置を進める計画である。

　第1段階である解体準備期間では，工程設備に分散している核燃料物質を集約する工程洗浄，被ばく線量を低減する系統除染を行うとともに，汚染状況の調査結果等を踏まえ，機器解体の工法及び具体的な手順について検討を進め，第2段階で実施する機器の解体撤去計画を策定する計画である。並行して，供用が終了した機器のうち管理区域外に設置された機器の解体撤去に着手する。また，機器の老朽化や一般的な危険性を早期に排除する観点で，一部の機器を先行して解体撤去を行うことも考慮することを計画している。

　第2段階の機器解体期間では，管理区域に設置された供用が終了した機器の解体に着手する計画である。併せて，解体準備期間から着手している管理区域外に設置された機器の解体撤去を継続して進める。

　第3段階の管理区域解除期間では，管理区域を解除するにあたって，機器等の撤去後に建家躯体表面（コンクリート）に付着残存する放射性

第 12 章　再処理施設の廃止

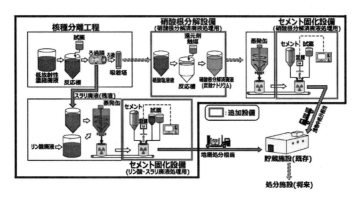

図 12.5　低放射性廃棄物処理技術開発施設（LWTF）のセメント固化処理工程 [48]

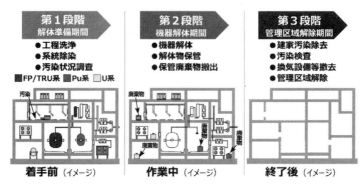

図 12.6　施設の廃止措置ステップ [11, 49]

物質の汚染箇所を対象に，はつり等の方法により除染作業を行う。その後，汚染箇所を検査し，安全を確認した上で，保安上必要な機器である換気設備や放射線管理設備等を撤去し，管理区域を順次解除することを計画している。なお，管理区域を解除した建家は，将来の利活用又は解体撤去を検討することとしている。

　最終的に東海再処理施設の全施設から，① 使用済燃料，核燃料物質又は使用済燃料から分離された物の譲渡しが完了していること，② 廃止措置対象施設の敷地に係る土壌及び当該敷地に残存する施設が放射線によ

181

る障害の防止措置を必要としない状況にあること，③使用済燃料や核燃料物質，使用済燃料からの分離物又はこれらの汚染物の廃棄が終了していること，④放射線管理記録の原子力規制委員会指定機関への引渡し完了の確認をもって，廃止措置が完了する。

　東海再処理施設の廃止措置に向けた作業は，前述の「リスク低減の取組」に係る対応を最優先としているが，先行して廃止措置が可能な4施設を対象に，上記の第1段階（解体準備期間）の作業を進めている。先行して廃止措置に着手している4施設（分離精製工場（MP），ウラン脱硝施設（DN），プルトニウム転換技術開発施設（PCDF），クリプトン回収技術開発施設（Kr））の状況を紹介する。

　先行して廃止措置に着手した4施設の第1段階（解体準備期間）では，建家及び構築物，放射性廃棄物の廃棄設備，放射線管理設備，換気設備，電源設備，その他の安全確保上必要な設備等の必要な機能を維持管理している。解体準備期間で実施する工程洗浄と系統除染は，機器解体時の作業者（放射線業務従事者）の被ばく量を低減するため，機器表面の汚染を除去する。具体的には，酸・アルカリによる除染を繰り返し，必要に応じてその他の除染剤を用いた化学除染を行う予定であり，設備によって補助的に高圧水等による機械的な除染を行う。また，第2段階（機器解体期間）の機器解体作業で作業者（放射線業務従事者）や周辺公衆の被ばく量を低減する適切な機器解体工法及び解体手順を策定すること，かつ機器解体に伴って発生する放射性固体廃棄物の発生量の評価精度を向上させることを目的に，施設の汚染状況を調査する。これら汚染状況の調査に供する試料採取は，系統の維持管理に影響を与えないよう考慮し，系統除染等の詳細な方法等は，工程洗浄後の汚染状況調査を踏まえ検討し決定する。また，安全確保に必要な機能へ影響しない範囲で管理区域外の機器の解体撤去に着手し，機器の老朽化や危険性排除の観点から一部の機器を先行して解体撤去することも考慮する。第1段階（解体準備期間）の作業は，系統除染により合理的に放射能レベルが低減されたことの確認をもって完了とする。

廃止措置に先行着手した4施設の第2段階（機器解体期間）では，管理区域に設置された供用が終了した機器の解体に着手する。また，解体準備期間から着手している管理区域外の機器の解体撤去を継続して実施する。機器解体は，機器解体に伴い発生する解体廃棄物の搬出ルート及び資機材置場を確保の上，工具等を用いた分解・取り外し，熱的又は機械的な切断装置を用いて切断等を行う。解体廃棄物は，機器解体後のスペースを活用して保管することも考慮し，セル内機器の解体は，作業員（放射線業務従事者）の被ばく量を低減するため，遮蔽や遠隔操作装置等を適宜活用する。また，これら作業に伴う施設内の汚染拡大防止を図るため，必要に応じてグリーンハウス等の汚染拡大防止囲い，局所フィルタや局所排風機を導入する。各種装置を使用する際，取り扱う解体廃棄物の放射能レベルに応じて，必要な安全確保対策を講じる。第2段階（機器解体期間）の作業は，管理区域に設置してある機器（保安上必要な機器を除く）の解体を全て終了することをもって完了とする。

廃止措置に先行着手した4施設の第3段階（管理区域解除期間）では，管理区域を解除するため，機器等の撤去後に建家躯体表面（コンクリート）に付着し残存する汚染を，はつり等の方法で除去する。その後，汚染検査を行い，安全を確認した上で，保安上必要な機器である換気設備や放射線管理設備等を撤去し，管理区域を順次解除する。第3段階（管理区域解除期間）の作業は，管理区域の解除をもって完了とする。なお，管理区域を解除した建家は，将来の利活用又は解体撤去を検討する。

廃止措置に先行着手した4施設以外の施設は，引き続き核燃料物質等の貯蔵を行うとともに，放射性廃棄物の処理を進める。これに付随する施設（分析所（CB），主排気筒，第一付属排気筒，第二付属排気筒等）の使用を継続する。廃止措置に着手した4施設以外の施設は，所期の目的が完了した時点で廃止に移行することとし，先行して廃止措置に着手した4施設の系統除染，機器解体等の経験を活用し，4施設と同様に廃止措置に係る作業を進める計画である。

また，既に使用しない設備への措置として，分離精製工場（MP）のせ

ん断装置に使用済燃料が挿入できないよう使用済燃料を導入するコンベア通路上の可動カバーを開閉できなくする等の措置を施している。その他の施設は，廃止措置の進捗状況及び施設の利用状況を踏まえ，必要に応じて使用しない設備に対する措置を講じる計画である。

2023年7月末現在，東海再処理施設の廃止措置に係る作業の進捗状況は，原子力機構核燃料サイクル工学研究所のホームページに公開されており，以下に記す工事が終了又は実施中の状況にある。

(1) 屋外冷却水設備の解体撤去（2020年1月27日～3月3日）終了 [50]

屋外冷却水設備は，1981年から東海再処理施設の各施設建家へ冷却水の供給を開始し，2004年にユーティリティ施設（再UC）の稼働に伴い運転を停止した。同設備は木造構造であり，老朽化による倒壊の恐れがあるため，優先して解体撤去した。

(2) クリプトン回収技術開発施設（Kr）の水素供給設備の解体撤去
　　（2020年9月7日～11月30日）終了 [51]

水素供給設備は，クリプトン回収技術開発施設（Kr）の屋外に設置されており，1983年から脱酸素処理工程へ水素を供給し，2002年に設備の使用を停止した。同設備は老朽化が進んでおり，クリプトン回収技術開発施設（Kr）が先行して廃止措置に着手する施設の一部であること，東海再処理施設に津波が襲来した際に漂流物になる可能性があること等から，優先して解体撤去を実施した。解体作業は，水素タンク（2基）の周囲に足場を組み，クレーンで吊り上げながら上部よりガス溶断にて細断し，撤去した。

(3) 分離精製工場（MP）におけるカスクアダプタ等の解体撤去（2020年
　　10月29日～2021年3月12日）終了 [52]

分離精製工場（MP）のカスクアダプタ等は，使用済燃料の受入れに使用してきたが，今後使用済燃料を受入れないこと，将来貯蔵中の使用済

燃料の搬出作業に支障をきたすことから，解体撤去を実施した。当該作業は，管理区域における放射性物質により汚染された機器の解体であるため，グリーンハウスを設置し，放射線防護具を着用した作業員が実施した。作業方法は，作業スペース，作業員（放射線業務従事者）の被ばく量及び火災リスクの低減等を考慮し，大型の厚板（厚さ25mm以上）はダイヤモンドワイヤーソーを用いて遠隔操作により解体し，薄板（厚さ25mm未満）はチップソーやセーバーソーを用いて作業員（放射線業務従事者）が直接解体した。

(4) 工程洗浄（2022年6月8日〜2023年度）実施中［53］（うち，使用済燃料せん断粉末等の取出し（2022年6月8日〜9月12日）終了）

　東海再処理施設の廃止措置は，再処理設備本体等の一部の機器に残存する核燃料物質を取り出すため，工程洗浄を実施する必要がある。工程洗浄の具体的な方法は図12.7に示すように，残存する核燃料物質のうち，ウランやプルトニウムを含む使用済燃料せん断粉末の溶解液及びプルトニウム製品貯槽等に残存する低濃度のプルトニウム溶液を，現在保管貯蔵している高レベル放射性廃液に混ぜてガラス固化し，硝酸ウラニル貯槽等に残存するウラン溶液はUO_3粉末に処理する計画である。工程洗浄の進捗状況は，使用済燃料せん断粉末を少量に分けて濃縮ウラン溶解槽で溶解し（10回），溶液のろ過，核燃料物質の計量を行った後，高放射性廃液貯蔵場（HAW）まで送液した（2022年6月8日〜8月5日）。その後，使用した系統の押出し洗浄を行い，工程洗浄終了の判断基準を満たしたことを確認し，2022年9月12日に使用済燃料せん断粉末等の取出しを終了した。

　使用済燃料せん断粉末は核燃料物質の計量管理対象であり，事前に工程洗浄に係る作業が支障なく遂行することを確認し，原子力規制委員会の認可を受けた手順で行った［54, 55］。

　この他，クリプトン回収技術開発施設（Kr）に貯蔵していた放射性クリプトンガスは，原子力規制委員会の認可を受けた手順に従い，主排気筒

第 2 部 応用編

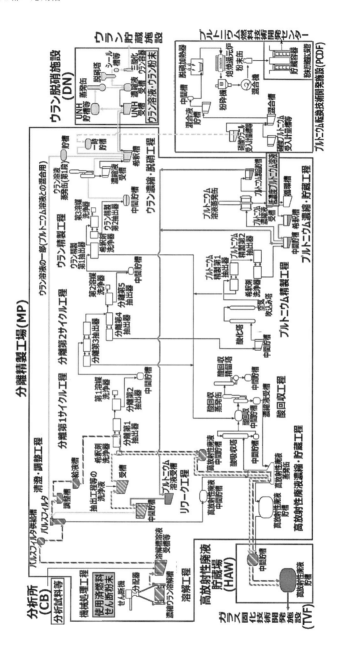

12.7 東海再処理施設の分離精製工場 (MP) の工程除染の進め方 [53]

からの管理放出を 2022 年 4 月までに終了している［56］。

次に，東海再処理施設にある使用済燃料（分離精製工場（MP）使用済燃料貯蔵プールにて貯蔵），ウラン製品（UO_3 粉末）やプルトニウム・ウラン混合酸化物粉末（MOX 粉末）の管理（所定の施設にて保管等）及び譲渡しへの対応［49］を紹介する。

分離精製工場（MP）の貯蔵プールに貯蔵中の使用済燃料は，海外での再処理を視野に入れて搬出先を決定し搬出する計画である。分離回収したウラン製品（UO_3 粉末）及びプルトニウム製品（MOX 粉末）は，契約に基づき契約相手先への返還又は分離回収したウラン及びプルトニウムの一部を契約相手先から原子力機構が購入することを検討している。これを踏まえ，ウラン貯蔵所（UO_3），第二ウラン貯蔵所（$2UO_3$）及び第三ウラン貯蔵所（$3UO_3$）に貯蔵中のウラン製品（UO_3 粉末），プルトニウム転換技術開発施設（PCDF）に貯蔵中のプルトニウム製品（MOX 粉末）を廃止対象施設の外へ搬出する。

廃止措置で発生する放射性廃棄物も，運転時と同様に放射性気体廃棄物，放射性液体廃棄物及び放射性固体廃棄物に分類して処理する。2017 申請書［47］を申請した時点で，東海再処理施設の廃止措置で発生する低レベル放射性廃棄物（固体及び液体）は図 12.8 に示すフローで処分することが計画されている。なお，図 12.8 の上段に示した推定発生量は莫大な量であるものの，解体作業に伴って発生する防護着や養生シート等の付随廃棄物を含んでおらず，原子炉等規制法第 61 条の 2 に従い放射能濃度を確認すること等により，この低レベル放射性廃棄物の発生量は変動することが予想される。したがって，廃止措置に要するコストを抑えるには，放射性廃棄物の発生量を可能な限り低減する必要があり，適切な除染方法，機器解体工法及び機器解体手順を策定し，発生する放射性廃棄物を適切に処理することが肝要となる。

また，廃止措置に伴って発生する放射性廃棄物の放射能レベルは，ピット処分から地層処分にわたる広範な放射能レベルをもつ放射性廃棄物が想定される。これら放射性廃棄物を処分に適した廃棄体化処理する施

第 2 部　応用編

図 12.8　低レベル放射性廃棄物の推定発生量と処理・貯蔵・処分のイメージ ［49］
　　　（写真提供：日本原子力研究開発機構）

設の整備も必要であり，地層処分施設や原子力機構が埋設事業の実施主体となる研究施設等廃棄物の処分施設の立地や処分制度の整備などの状況を勘案して，処分施設の操業開始後に随時廃棄体を搬出できるよう廃棄体化施設（東海固体廃棄物廃棄体化施設（TWTF）［57］，高線量廃棄物廃棄体化処理技術開発施設（HWTF-2））を整備する取組を進めていく計画である。この他，放射性廃棄物でない廃棄物（管理区域外から発生した廃棄物を含む）は，再生利用することや産業廃棄物として廃棄することを想定している。

　東海再処理施設の廃止措置に係る作業は，安全確保を最優先に，原子炉等規制法，原子炉等規制法施行令，再処理規則等の関係法令及び「核原料物質又は核燃料物質の製錬の事業に関する規則等の規定に基づく線量限度等を定める告示」（以下，「線量告示」と記す。）等の関係法令を遵守して進めなければならない。施設運転時の放射線管理 ［58, 59］ と同様，廃止措置に係る現場作業の被ばく管理も作業者（放射線業務従事者）

のみならず，周辺公衆に対して線量告示の線量限度を超えないように管理することとなる。したがって，廃止措置に係る作業計画を策定する際，被ばく線量が合理的かつ可能な限り低減できるように，適切な除染方法，機器解体工法，機器解体手順等を選定することが重要となる。同時に前述の放射性廃棄物発生量を低減する必要性を認識し，選定した除染方法や解体手順等が適切であることにも配慮しなければならない。

また，廃止措置に係る作業を安全かつ確実に進めるため，作業を進める上で必要な設備を廃止措置の進捗に合わせて適切に維持管理する必要がある。放射性物質を内包する系統や機器を収納する建家及び構築物は，これら系統や機器の撤去が完了するまで，放射性物質の外部への漏えいを防止する障壁や放射線遮蔽体としての機能を維持しなければならない。また，廃止措置専用に施設内へ導入する装置類は，既設装置と同等の安全対策を備えておく必要がある。

以上の機能を維持するため，2023年7月末現在，東海再処理施設の安全対策に関する工事［60］が進められており，前述の廃止措置の進捗状況と同様，原子力機構核燃料サイクル工学研究所のホームページに公開されている。安全対策工事が終了及び実施中の工事名称と作業期間を，以下に列挙する。

(1) 高放射性廃液貯蔵場（HAW）及び配管トレンチ周辺の地盤改良工事（2020年8月17日～2023年度末）実施中
(2) 第二付属排気筒及び排気ダクト接続架台の耐震補強工事（2020年12月24日～計画：2021年4月30日）終了
(3) 高放射性廃液貯蔵場（HAW）の耐津波補強工事（2021年6月1日～2022年1月31日）終了
(4) 主排気筒の耐震補強工事（2021年7月1日～2023年3月31日）終了
(5) 津波漂流物防護柵（押し波）の設置工事（2021年9月24日～2023年11月末）実施中
(6) 高放射性廃液貯蔵場（HAW）の事故対処に係る接続口設置工事

（2021 年 10 月 25 日〜2022 年 3 月 31 日）終了
(7) ガラス固化技術開発施設（TVF）の耐津波補強工事（2021 年 12 月 1 日〜2022 年 3 月 30 日）終了
(8) 事故対処設備保管場所周辺の斜面切土工事（2022 年）2 月 2 日〜2022 年（令和 4 年）10 月 31 日）終了
(9) 事故対処設備保管場所の地盤改良工事（2022 年 3 月 10 日〜2024 年 3 月）実施中
(10) 津波漂流物防護柵（引き波）の設置工事（2022 年 5 月 25 日〜2023 年 1 月 27 日）終了
(11) ガラス固化技術開発施設（TVF）竜巻防護対策工事（2022 年 10 月 3 日〜2024 年）実施中
(12) 高放射性廃液貯蔵場（HAW）パラメータ監視・屋外監視システムの設置工事（2022 年 10 月 12 日〜2023 年 3 月 8 日）終了
(13) 事故対処資機材保管場所整備（南東地区駐車場，分散配備場所）（2022 年 10 月 26 日〜2023 年 3 月 3 日）終了
(14) 高放射性廃液貯蔵場（HAW）竜巻防護対策工事（2023 年 2 月 14 日〜2023 年 9 月）実施中
(15) 高放射性廃液貯蔵場（HAW）の内部火災防護対策工事（2023 年 6 月 5 日〜2024 年 3 月）実施中
(16) ガラス固化技術開発施設（TVF）の内部火災防護対策工事（2023 年）6 月 7 日〜2024 年 3 月）実施中

また，東海再処理施設の廃止措置に向けた作業を，リスク低減を念頭に安全かつ早期に完了するため，設備・機器の除染技術や解体技術，被ばく線量を低減できる遠隔技術，放射性廃棄物の処理技術，廃棄体の検認等のための測定・分析技術の開発が求められている。原子力機構は，海外の先行機関が有する知見を収集検討しながら，廃止措置の進捗に合わせ，これら必要な技術開発を遅滞なく遂行するとともに，得られた成果を施設の解体撤去作業に反映する計画である［42, 44, 49］。

第 12 章 再処理施設の廃止

　前述した東海再処理施設における各工程設備の紹介で，技術開発を目的とした施設設備として，溶解試験，溶媒抽出試験等を行う小型試験設備が分析所（CB）にあることを記した。この小型試験設備は，東海再処理施設の廃止措置が決定される以前から設備更新を進めており［60, 61］，今後の廃止措置に向けた作業方法等を検討する試験フィールドとして活用することが期待される。また，小型試験設備の試験セル内廃棄物の搬出作業［62］は，今後予想される様々な設備の廃止措置に伴って発生する放射性廃棄物を取扱う上で，貴重な現場作業情報となる。

　以上の東海再処理施設の廃止措置に係る作業を通して得られる知見は，六ヶ所村再処理工場の保守管理や廃止措置コストの削減の他，福島第一原子力発電所の廃炉のための遠隔技術，放射性廃棄物の特性調査及び廃棄物の処理・処分に係る技術等への反映も期待でき，その知見を適宜取りまとめ公開していくことが原子力機構の使命と考える。また，原子力機構は，2018年12月に原子力機構のバックエンド対策をまとめたロードマップを公表しており［63］，東海再処理施設の廃止措置に係る作業を着実に進め，得られた知見を国内の原子力施設の廃止措置へ適切に反映することが求められる。原子力機構の各拠点では，上記ロードマップが策定される以前より，一部の原子力施設の廃止措置に係る作業，老朽化設備の更新に伴う除染・解体作業，発生する放射性廃棄物の処理技術に関する検討等が行われている［64-83］。今後の廃止措置に係る作業計画を策定する段階から，これまでの知見を有効に活用することでコスト抑制を図りながら安全かつ円滑に計画が実行されることを期待したい。

　最後に，除染作業をはじめ，廃止措置に係る作業によって発生する二次廃棄物への対応について記す。二次廃棄物の多くは除染作業で除去した放射性物質が含まれており，通常の放射性廃棄物処理と同じ対応が求められる。放射性廃棄物処理へ適用が検討された事例として，エマルションフロー法による廃液からのウラン抽出，キャピラリー電気泳動法による迅速分析，電解除染液によるウラン汚染物の溶液除染等がある。これら技術はいずれも化学的知見を基盤として新たな技術を積極的に取り入れてお

り，実績や経験を重視する原子力分野であるが，定型化された手法で東海再処理施設の廃止措置が計画通り完了することは厳しいと考える。これまで述べてきたように東海再処理施設の廃止に向けた作業は数世代にわたることから，蓄積してきた技術や知見の継承に加えて，新たな技術を創出して適宜採用していくことが必要と考える。

［参考文献］
[1] 原子力規制委員会ホームページ，国立研究開発法人日本原子力研究開発機構核燃料サイクル工学研究所再処理施設の現地確認（令和5年1月26日）資料「東海再処理施設の概要」，
[2] 内閣府原子力委員会ホームページ，原子力の研究，開発及び利用に関する長期計画（1967年4月13日）
[3] 中島健太郎，談話室：東海再処理物語，日本原子力学会誌，54，No.5，349-350（2012）
[4] 山村 修，特別寄稿：東海再処理工場の軌跡，日本原子力学会誌，61，No.1，24-25（2019）
[5] 大塔容弘，「これまでをふりかえり，今後を展望する（再処理・リサイクル部会）：日本の再処理の歴史を振り返る」，日本原子力学会誌，61，No.4，311-313（2019）
[6] 吉元勝起，「匠たちの足跡4：プルトニウム転換技術開発施設－マイクロ波加熱直接脱硝法による世界初の混合転換プロセスの実用化」，日本原子力学会誌，53，No.2，107-111（2011）
[7] 高橋啓三，「総説：再処理技術の誕生から現在に至るまでの解析および考察」，日本原子力学会和文論文誌，5，No.2，152-165（2006）
[8] 武田悠，「日米関係の変容と原子力開発問題－東海村核燃料再処理施設稼働をめぐる日米交渉を中心に－」，日本国際政治学会編「国際政治」，162，130-142（2010）
[9] 核燃料サイクル工学研究所HP，再処理廃止措置技術開発センター，沿革（https://www.jaea.go.jp/04/ztokai/summary/images/center/saishori_enkaku.pdf），運転実績と成果（https://www.jaea.go.jp/04/ztokai/summary/images/center/saishori_jisseki.pdf）
[10] 核燃料サイクル開発機構，核燃料サイクル開発機構史，JNC-TN1440-2005，34-36（2006）
[11] 岡野正紀他，「東海再処理施設の廃止措置計画の概要」，デコミッショニング技報（Journal of RANDEC），57，53-64（2018）
[12] 福田一仁他，「再処理施設の定期的な評価報告書」，JAEA-Technology 2014-032，（2014）
[13] 白井更知他，「第2回再処理施設の定期的な評価報告書」，JAEA-Technology 2016-007（2016）
[14] 核燃料サイクル工学研究所HP，再処理廃止措置技術開発センター，東海再処理施

設の施設概要（最終更新日:2018年7月1日）
[15] 日本原子力研究開発機構原子力基礎工学研究センター再処理プロセス・化学ハンドブック検討委員会, 「再処理プロセス・化学ハンドブック第3版」, JAEA-Review 2015-002, 1-4, (2015)
[16] 小島久雄, 「核燃料サイクル工学概論」, JAEA-Review 2008-020, 8-28 (2008)
[17] 山内孝道他, 「アスファルト固化処理施設火災・爆発事故の原因究明のための時系列調査報告書」, PNC TN8410 97-368, (1997)
[18] 小山智造他, 「特集:アスファルト固化処理施設の火災爆発事故に関する検討」, 日本原子力学会誌, 40, No.10, 740-766 (1998)
[19] 再処理施設安全対策班, 「アスファルト固化処理施設火災爆発事故の原因究明結果について（技術報告）」, JNC TN8410 99-27, (1999)
[20] 山内孝道他, 「東海再処理施設の安全性確認に関する報告書（業務報告）」, JNC TN8440 99-002, (1999)
[21] 長谷川和俊他, 「災害事例分析:アスファルト固化処理施設での火災爆発の発生原因について」, 安全工学, 41, No.4, 262-270 (2002)
[22] 林 晋一郎他, 「技術報告:クリプトン回収・貯蔵技術開発」, サイクル機構技報, 17, 43-61 (2002)
[23] 山村 修他, 「使用済燃料再処理500トン達成成果報告」, PNC TN8410 91-469, (1991)
[24] 再処理センター, 「東海再処理施設技術報告会（資料集）」, JNC TN8410 99-022, (1999)
[25] 山内孝道, ほか, 「第三回東海再処理技術報告会報告書（技術報告））」, JNC TN8410 2001-012, (2001)
[26] 大西徹, ほか, 「第四回東海再処理技術報告会報告書（技術報告）」, JNC TN8410 2001-023, (2001)
[27] 槇彰, 「技術資料:酸回収蒸発缶の修復について」, PNC TN134 84-02, 動燃技報, 50, 71-78 (1984)
[28] 槇彰, 技術小論:再処理工場のセル等における除染について, PNC TN134 84-04, 動燃技報, No.52, 86-93 (1984)
[29] 大谷吉郎, 技術資料:溶解槽の遠隔補修について, PNC TN134 85-01, 動燃技報, No.53, 63-73 (1985)
[30] 大関達也, ほか, 東海再処理工場酸回収蒸発缶（273E30）の解体撤去, デコミッショニング技報（Journal of RANDEC）, No.1, 56-60 (1989)
[31] 田中康正, ほか, 再処理施設における大型塔槽類の解体・撤去技術の開発, デコミッショニング技報（Journal of RANDEC）, No.7, 41-54 (1993)
[32] 高江秋義, 大谷吉郎, 技術小論:東海再処理工場におけるせん断装置の改良, PNC TN1340 94-004, 動燃技報, No.92, 80-87 (1994)
[33] 永里良彦, ほか, 技術報告:濃縮ウラン溶解槽からのスラッジ回収装置の開発, サイクル機構技報, No.9, 49-55 (2000)
[34] 大谷吉郎他, 特許公報（B2）:搬送設備, 特許第3305692号, 平成14年7月24日発行（2002）

第 2 部　応用編

[35] 細馬 隆他，技術報告：マイクロ波加熱直接脱硝法による混合転換プロセスの実証 20 年の歩み−プルトニウム転換技術開発施設の運転経験と技術開発−，サイクル機構技報，No.24，11-26（2004）
[36] 池田秀雄他，技術報告：溶融炉改良に係るガラス固化モックアップ試験の評価，サイクル機構技報，No.14，25-38（2002）
[37] 大島博文，安倍智之，講演：日本の MOX 燃料の実績と今後の展望，日本原子力学会誌，Vol.45，No.7，412-417（2003）
[38] 飯島 隆他，技術報告：プルトニウム利用技術の確立及び実証，サイクル機構技報，No.20 別冊，27-62（2003）
[39] 早船浩樹他，報告：今後の高速炉サイクル研究開発−原子力機構の取組−，日本原子力学会誌，Vol.61，No.11，798-803（2019）
[40] 核燃料サイクル工学研究所 HP，「再処理廃止措置技術開発センター，震災後の緊急安全対策」，
(https://www.jaea.go.jp/04/ztokai/summary/images/center/saishori_kinkyu.pdf)
(accessed July 31，2023)
[41] 日本原子力研究開発機構，「日本原子力研究開発機構改革報告書−集中改革の成果と今後の対応−」，2014 年 9 月 30 日（2013）
(https://www.jaea.go.jp/02/press2014/p14100201/02.pdf)
[42] 原子力規制委員会 HP，第 4 回東海再処理施設等安全監視チーム会合，資料 1：東海再処理施設における安全性向上の取り組みについて，2016 年 9 月 8 日（2015）
(https://warp.da.ndl.go.jp/info:ndljp/pid/12366612/www.nra.go.jp/data/000163125.pdf)
[43] 堀籠和志他，「プルトニウム転換技術開発施設における硝酸プルトニウム溶液の安定化処理に係る分析業務報告（平成 27 年 12 月から平成 28 年 10 月）」，JAEA-Technology 2017-008，(2017)
[44] 日本原子力研究開発機構 HP，「東海再処理施設の廃止に向けた計画」，2016 年 11 月（2015）(https://www.jaea.go.jp/02/press2016/p16113001/h02.pdf)
[45] 日本原子力研究開発機構 HP，「東海再処理施設の高放射性廃液の貯蔵リスク低減計画及び高放射性廃液のガラス固化処理に要する期間の短縮計画」，2016 年 11 月（2015）(https://www.jaea.go.jp/02/press2016/p16113001/h03.pdf)
[46] 日本原子力研究開発機構 HP，「施設の安全確保」，「施設の集約化・重点化」及び「バックエンド対策」の総合的な最適計画，2016 年 11 月（2015）
(https://www.jaea.go.jp/02/press2016/p16113001/h04.pdf)
[47] 核燃料サイクル工学研究所 HP，「再処理廃止措置技術開発センター，廃止措置変更認可申請書」，2017 年 6 月 30 日（https://www.jaea.go.jp/02/press2017/p17063001/）
[48] 核燃料サイクル工学研究所 HP，「再処理廃止措置技術開発センター，当面の最優先課題への取組」
(https://www.jaea.go.jp/04/ztokai/summary/images/center/saishori_toumen.pdf)
[49] 核燃料サイクル工学研究所 HP，「再処理廃止措置技術開発センター，廃止措置の進め方」
(https://www.jaea.go.jp/04/ztokai/summary/images/center/saishori_susumekata.pdf)
[50] 核燃料サイクル工学研究所 HP，「再処理廃止措置技術開発センター，廃止措置の

第 12 章 再処理施設の廃止

　　　　進捗状況，屋外冷却水設備の解体撤去」
　　　　(https://www.jaea.go.jp/04/ztokai/summary/images/center/_haishisochi-shinchoku_01.pdf)
[51] 核燃料サイクル工学研究所 HP，「再処理廃止措置技術開発センター，廃止措置の進捗状況，クリプトン回収技術開発施設の水素供給設備の解体撤去」
　　　　(https://www.jaea.go.jp/04/ztokai/summary/images/center/_haishisochi-shinchoku_02.pdf)
[52] 核燃料サイクル工学研究所 HP，「再処理廃止措置技術開発センター，廃止措置の進捗状況，分離精製工場のカスクアダプタ等の解体撤去」
　　　　(https://www.jaea.go.jp/04/ztokai/summary/images/center/_haishisochi-shinchoku_03.pdf)
[53] 核燃料サイクル工学研究所 HP，「再処理廃止措置技術開発センター，廃止措置の進捗状況，工程洗浄」
　　　　(https://www.jaea.go.jp/04/ztokai/summary/images/center/_haishisochi-shinchoku_04.pdf)
[54] 青谷樹里他，「分離精製工場における使用済燃料せん断粉末の取出しに係る分析業務報告」，JAEA-Technology 2023-008，(2023)
[55] 西野紗樹他，「分離精製工場における使用済燃料せん断粉末の取出し」，JAEA-Technology 2023-011，(2023)
[56] 渡邉一樹他，「放射性クリプトンガスの管理放出」，JAEA-Technology 2023-010，(2023)
[57] 核燃料サイクル工学研究所 HP，「環境技術開発センター廃止措置技術部，東海固体廃棄物廃棄体化施設（TWTF）」
　　　　(https://www.jaea.go.jp/04/ztokai/summary/center/kankyougijutu/)
[58] 石黒秀治，田子 格，「解説：東海再処理施設における放射線管理の概要」，日本原子力学会誌，29，No.8，681-689 (1987)
[59] 石黒秀治，二之宮和重，「≪特集：放射線廃棄物の安全管理≫東海再処理施設における放射性廃棄物の安全管理」，保健物理，31，No.3，312-320 (1996)
[60] 核燃料サイクル工学研究所 HP，「再処理廃止措置技術開発センター，安全対策工事の進捗状況」
　　　　(https://www.jaea.go.jp/04/ztokai/summary/center/saishori/list.htm#anchor4)
[61] 山本昌彦他，「核燃料再処理施設におけるグローブボックスパネルの更新」，JAEA-Technology 2016-009，(2016)
[62] 後藤雄一他，「東海再処理施設小型試験設備の試験セル内廃棄物の搬出作業の完遂」，JAEA-Technology 2022-005，(2022)
[63] 山田悟志他，「日本原子力研究開発機構のバックエンドロードマップについて」，デコミッショニング技報 (Journal of RANDEC)，60，41-49 (2019)
[64] 八木直人他，「人形峠環境技術センターの廃止措置の現状について」，デコミッショニング技報 (Journal of RANDEC)，61，2-11 (2020)
[65] 高橋信雄他，「人形峠環境技術センター「製錬転換施設」の廃止措置の進捗状況」，デコミッショニング技報 (Journal of RANDEC)，48，24-39 (2013)

第2部　応用編

[66] 木村泰久他，「プルトニウム燃料第二開発室の廃止措置とグローブボックス解体撤去技術開発の状況」，デコミッショニング技報（Journal of RANDEC），52，45-54（2015）
[67] 家村圭輔他，「プルトニウム燃料第二開発室の廃止措置について」，デコミッショニング技報（Journal of RANDEC），43，2-9（2011）
[68] 木原義之他，「混合転換技術開発施設設備（2 kg MOX 設備）の解体撤去」，デコミッショニング技報（Journal of RANDEC），2，16-28（1990）
[69] 高橋睦男，「東海再処理工場焼却炉内の汚染調査」，デコミッショニング技報（Journal of RANDEC），11，57-65（1994）
[70] 大内晋一他，「高レベル放射性物質研究施設「CPF」セル改造工事の実績」，デコミッショニング技報（Journal of RANDEC），37，25-37（2008）
[71] 宮本泰明他，「溶融除染技術評価報告書（研究報告）」，JNC TN8400 2003-044，（2003）
[72] 核燃料サイクル開発機構，「低レベル放射性廃棄物管理プログラム」，2002年3月，JNC TN1400 2001-019（2002）
[73] 明道栄人他，「大型槽類遠隔解体装置のモックアップ試験」，デコミッショニング技報（Journal of RANDEC），23，2-16（2001）
[74] 水越清治，助川武則，「核燃料サイクル施設の廃止措置における安全上重要課題の検討」，デコミッショニング技報（Journal of RANDEC），34，26-39（2006）
[75] 三森武男，宮島和俊，「再処理施設解体技術開発の現状－再処理特別研究棟の解体計画について－」，デコミッショニング技報（Journal of RANDEC），6，61-71（1992）
[76] 守　勝治，小松　茂，「廃液処理装置の除染解体」，デコミッショニング技報（Journal of RANDEC），2，50-64（1990）
[77] 坂内　仁他，「固体廃棄物減容処理施設（OWTF）の概要及び減容処理」，デコミッショニング技報（Journal of RANDEC），57，34-42（2018）
[78] 廣川勝規他，「廃止措置に適用する測定・除染・解体技術」，デコミッショニング技報（Journal of RANDEC），44，33-42（2011）
[79] 福田誠司他，「旧廃棄物処理建家の除染技術の検討」，JNC TN9410 2004-010，（2004）
[80] 谷本健一，「核燃料施設のデコミッショニング技術開発（第9回原子力施設デコミッショニング技術講座資料1998.1.28）」，PNC TN9450 98-002，（1998）
[81] 谷本健一，照沼誠人，「核燃料サイクル施設のデコミショニング技術に関する研究開発－動燃大洗工学センターの開発技術－」，デコミッショニング技報（Journal of RANDEC），11，37-47（1994）
[82] 森本靖之他，「ホットセル内の遠隔除染」，デコミッショニング技報（Journal of RANDEC），6，41-49（1992）
[83] 塩月正雄他，「動燃固体廃棄物前処理施設（WDF）における除染技術開発」，デコミッショニング技報（Journal of RANDEC），1，26-35（1989）

第13章　設備機器の機能維持から見た廃炉の在り方

13.1　はじめに

　1F廃止措置に関連して政府の廃炉・汚染水対策関係閣僚等会議は「中長期ロードマップ」[1] を2011年12月に決定し，継続的な見直しを行いつつ，廃止措置等に向けた取組を進めている。このロードマップに基づき，原子力損害賠償・廃炉等支援機構（以下，NDFという。）は燃料デブリ取り出し方法等の方向性を示すために「技術戦略プラン」[2] を策定し，原子力規制委員会はリスクマップ [3] を作成している。これら資料に掲げられた目標を達成するため，東京電力ホールディングス株式会社（以下，東電という。）は2020年3月「廃炉中長期実行プラン2020」を発表した [4]。この中で東電は30～40年後の廃止措置終了を目指し計画的に取組んでいくとしており，燃料デブリの試験取り出しを2023年度から2号機で実施，それで得られた情報や経験を本格取り出し装置等の設計に反映して段階的な取り出し規模の拡大を図っていく，としている。また，1号機と3号機については，2号機での燃料デブリ取り出しの経験を反映しながら進めていくこととしている。（図13.1）

　事故後13年が過ぎた現時点において1F構内の環境は大幅に改善されているが，1～3号機の原子炉建屋（R/B）等の内部は依然として放射性物質による高放射線量率と高汚染のため，作業員等が容易に接近することができない。このため，防塵マスク等の放射線防護装備による内部被ばく対策を十分に実施した上で外部被ばく低減三原則（距離確保，遮蔽設置，時間制限）を徹底するため，立ち入る場所を限定し特別な放射線防護服等を装着するなどの対策を講じるとともに，遠隔操作技術あるいはロボットを多用するなどしてR/B内や原子炉格納容器（PCV）内部の調査を実施してきた。その結果，1号機原子炉圧力容器（RPV）下のPCV底部には燃料デブリと構造物と思われる堆積物があり，RPVペデスタル開口部のコンクリートが一部欠落しており鉄筋が見えていること，2号機は燃料デブリと構造物と思われる堆積物のほか，燃料集合体の一部（上部タイ

第2部　応用編

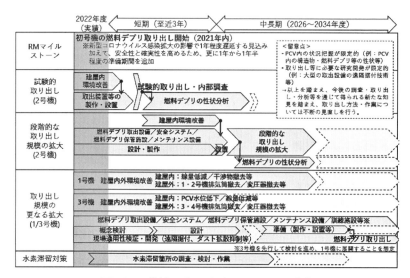

図 13.1　燃料デブリ取り出しのプロセス [4]

レート）が落下していること，3号機は燃料デブリと構造物と思われる堆積物のほか，炉内構造物の1つであるCRDガイドチューブと推定されるものがあることなどが判明した。(図 13.2)

1Fのような事故炉の廃炉は，放射性物質による高放射線量率と高汚染のため，接近が困難な条件下で，ダメージを受けて機能が低下した主要設備を維持しながら燃料デブリの取り出しを行わねばならないという世界的にみて前例のない取り組みである。このような未曾有のプロジェクトを安全着実に進めるには，放射性物質の外部への追加放出リスクを，現状の「比較的高い状態」から「安全に管理できる状態」へ早期に低減し，時間余裕を確保した上で腰を据えて安全着実に廃炉作業を進められるようにする等，長期的な観点から戦略的な取り組みが必要である [5]。また，燃料デブリ取出し方法やダメージを受けた主要設備の設備管理方法を立案するにあたっては，効果的・効率的なアイデアや具体的方法の導入によって，長期間にわたる要員確保や被ばく低減，そして資金確保を可能に

第 13 章　設備機器の機能維持から見た廃炉の在り方

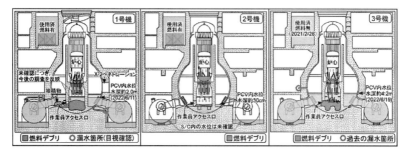

図 13.2　福島第一原子力発電所のプラント状況 [2]

する必要がある。そのためには，既存技術はもとより，多種多様な研究開発及び技術開発が必要となり，これを実現するための人材育成が重要な課題となる。

13.2　事故炉廃止措置の安全性確保のために必要な活動

　原子力発電所は膨大な数・物量の構造物，系統，及び機器（Structures, Systems, and Components，以下 SSC）から成っており，その数は数万とも10万とも言われている。このような SSC の信頼性を一定レベル以上に確保し，発電所の安全機能や発電機能を維持していくには，すべての SSC に対して一律に手厚い保全を行うことは，効果的・効率的でなく，保全リソース（ヒト，モノ，カネ，時間，情報など）が有限であることを考えると，現実的に不可能である。そこで，原子力発電所のような大規模複雑プラントシステムでは，保全目的（安全性と経済性の確保）を達成・実現するため，発電所システム全体を俯瞰的に捉えてその安全性と経済性（運転継続性あるいは稼働率）[1]という「機能」に着目し，その機能に対して故障時の影響の大きい SSC，すなわち重要度の高い SSC に保全リソースを

---

[1] SSC の故障によってプラントシステムの稼働あるいは生産が中断もしくは低下しないようにすること，これは「安全性の確保」に加えて保全の重要な目的の 1 つである。ここではこれを簡便に「経済性の確保」というが，「運転継続性」あるいは「稼働率」と言い換えてもよい。

199

第2部　応用編

重点投入するという効果的かつ効率的な方法を採用することが重要であり必要である。このとき，個々のSSCの重要度を客観性の高い方法（たとえば，確率論的リスク評価方法（PRA：Probablistic Risk Assessment）による数理的方法）で特定し，それら重要度の高いSSCを手厚くケアして信頼性の高い状態を維持する，そのような保全のやり方が必要である［6］。また，従来から一般産業でも用いられている保全のやり方，すなわち，多数の類似する機器をグループ分けし，その中からグループを代表する機器や条件の厳しい機器を選定して保全対象とし，その保全で得られた情報をグループ内の他の機器に展開して必要な保全を実施するという実際的な方法も併用するなどして保全リソースをできるだけ無駄に消耗しないように配慮することも重要であり必要である。

　上記のような保全の考え方は事故炉の廃止措置時においても同様であり，特に安全性[2]については廃止措置期間全体にわたって継続的に確保する必要がある。すなわち，SSCのうち，3つの基本安全機能（止める（再臨界防止），冷やす，閉じ込める）のいずれかを有するSSCの健全性を一定レベル以上に確保する必要がある。しかしながら，事故炉の廃止措置は，前述のように，世界的に見て前例のない取り組みであり，新たな研究開発や技術開発，そして現場作業に莫大なリソースを要する一大プロジェクトとなり，どうしても長期を要する活動となってしまう。その間，その時々に行われる廃止措置のための現場作業が原因で放射性物質の外部への追加放出が発生しないように，あるいは極力抑制されるようにする必要がある。この対応の大部分を占める重要部分が安全機能を有するSSCを対象とする設備保全活動である。この活動はそれらSSCの健全性及び信頼性を一定レベル以上に維持することがその使命である。

　ここで前述の事故炉の廃止措置活動及び設備保全活動についてもう少し具体的に述べる。

---

[2] 廃止措置における安全性とは，放射性物質の外部への追加放出リスクに対する安全性のことであり，当該リスクの発生を防止または抑制することが安全性の確保につながる。

第13章　設備機器の機能維持から見た廃炉の在り方

　事故炉の廃止措置活動は，まず炉心溶融で発生した燃料デブリやRPV，PCV，そしてR/Bなどの他，それら周辺の環境がどのような状態になっているかを確認する現状把握から始まる。そして燃料デブリの位置や物量，サンプル採取・分析による各種分析・物性などの調査，その結果に基づく燃料デブリの取出し方法の検討や具体的な取出し計画の立案などを行った上で現場工事（アクセスルートの確保，現場スペースの確保と環境整備，デブリ取出し装置の設置，デブリ取出し，一時保管など）が実施される。燃料デブリの外部施設への搬出・移送などを行った後，主要な構造物の除染，解体撤去などが実施される。これら一連の現場作業は高放射線量率かつ高汚染の環境下で実施しなければならないので容易ではない。遠隔操作技術をはじめとする新たな技術の開発やこれまでに経験のない燃料デブリの取扱いのために必要となる研究開発は必須であり，多大のリソースと時間を要する活動となる。
　一方，この長期にわたる廃止措置活動の期間，放射性物質の外部への追加放出を極力抑制するため，3つの基本安全機能のいずれかを有するSSC，特に閉じ込め機能を有するPCVやR/Bの健全性を維持する必要があり，この活動が設備保全活動であることは既に述べたとおりである。この活動は，具体的には当該設備の検査・モニタリングを計画的に実施し，その結果を用いて次回の検査時期までの経年劣化を予測評価し，その結果に基づき，必要に応じて補修等の是正を繰り返し実施するという活動である。なお，PCVやR/Bは事故でその機能が低下しているので，必要に応じて修復や新たな設備の設置，あるいは経年劣化の進行を抑制するための環境改善などを実施することが必要となる可能性があるが，これらは前述の補修等の是正に含まれる活動である。
　上記の廃止措置活動と設備保全活動は以下に述べるように，互いに影響する関係にある［5］。すなわち，廃止措置のための現場作業によって放射性物質のエアロゾルや汚染水が発生するため，それが多量に外部へ放出されることがないように予めそれを予測して設備上の対策を講じることになる。例えば，燃料デブリの本格取出し前に，閉じ込め機能が低下したPCV

第 2 部 応用編

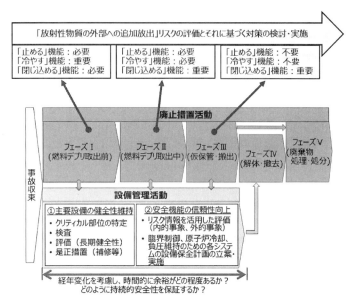

図 13.3 廃止措置の進捗に伴って変化する基本安全機能の重要度 [7]

と R/B では十分とは言えないので，新たに R/B を覆うシェルターのような構造物や作業用セル，負圧あるいは微正圧を維持するための換気系などの設置を検討する必要がある。逆に設備保全活動によって安全機能を有する SSC に経年劣化が発見されたり，安全機能向上のための新設設備が竣工していなかったりする状況では廃止措置活動を開始することができないということである。(図 13.3)

13.3 事故炉廃止措置の特徴と戦略的取組みの必要性

事故炉の現場は炉心溶融で発生した燃料デブリや核分裂生成物で高放射線量率・高汚染の状態にあり，廃止措置を前へ進めようにも現場の状態を調査することすら容易でない。このような世界的に見ても前例のない，初めての取り組みであり，現場作業を安全着実に進めるには数多くの研究

第 13 章　設備機器の機能維持から見た廃炉の在り方

表 13.1　通常炉と事故炉の廃止措置の特徴比較 [7]

	比較項目		通常炉	事故炉	備考
1	設備全般の状態 ・本設設備 　（機/電/制/建屋） ・換気、照明、揚重設備等のユーティリティ		正常 使用可能	全般的にダメージあり* 多くが使用不可	*ダメージの種類、範囲、程度など、不明な場合が多い。 従来と異なる環境と経年劣化の進行に注意要。
2	安全機能	停止機能	燃料搬出後は機能不要	炉心崩壊/機能喪失、制御操作不可 燃料及びデブリ回収まで未臨界制御要	事故炉は「再臨界」が放射線外部放出へ直結。 「冷却機能喪失」も同様。
		冷却機能	燃料搬出後は機能不要	一部仮設配管等を使用しているとしても一概に信頼性が低いとは言えない。評価要。	
		閉込機能	継続維持	一部劣化（放射性物質の外部漏えい懸念）	
3	燃料/デブリ等のハザードの所在と管理		特定の箇所に限定 管理下にある	広範囲に散らばって存在する 十分な管理下にない	特にタービン建屋にもFP等が散らばって存在
4	高線量率区域		特定の箇所	広範囲	
5	高汚染区域		特定の箇所に限定	ほぼ全域が汚染	
6	瓦礫・障害物		ない	瓦礫・障害物がある箇所が多い	
7	現場への接近性		容易	高線量率、瓦礫等で容易でない 漏えい、火災、溢水などの事故対応が難しい（通常よりも影響度が大きい）	事故炉廃止措置の際立った特徴の1つ
8	廃炉シナリオ		設備状態に不明な点がないので、廃炉手順が明確	廃炉手順が明確でないので、想定外の発見が多くある可能性がある 各ステップで複数の選択肢の準備が必要	シナリオ決定要素（デブリ位置・量、PCV健全性等）
9	リスク管理		廃炉シナリオ、手順が明確なので、リスク予測評価が可能	各作業ステップにおける設備状態/条件が不明な部分があり、保守的仮定をせざるを得ない	

開発や技術開発が必要である。また，廃止措置活動を前へ進めようとしても事故炉の現場は炉心溶融で発生した燃料デブリや RPV，PCV などがどのような状態になっているか不明な点が多く，高放射線量率と高汚染のため，接近することが困難である現場の状態を調査することも容易でない。このような事故炉の廃止措置は，通常炉の廃止措置とはまったく異なるいくつかの特徴があり，筆者らは表 13.1 のように整理した［7］。それによると，事故炉廃止措置の特徴としては，廃止措置時といえどもプラント状態

は「特殊な運転状態」にあると考えられること，高放射線量率のためプラント設備への接近が困難であり，不明な点や不確定性を多く抱えながら廃止措置を進めざるを得ないこと，燃料デブリの取出方法や処理・処分方法等の研究開発には膨大な時間と労力，そして予算が必要となる可能性があること，長期間を要するため主要設備に対して適切な設備保全管理を実施する必要があること，「安全性」を確保するための安全リスク管理だけでなく，同時に莫大なリソースを要する廃止措置に必要な資金が枯渇することがないように経済リスク管理も適切に行う必要があることなどが挙げられている。また，燃料デブリに加え，膨大な物量の放射性物質汚染廃棄物が発生し，その処理・処分方法や搬出先／処分先が不透明であることも挙げられる。

　このように事故炉の廃止措置は通常炉のそれと決定的に異なる点が多い。その中で特に重要なことは，高放射線量率と高汚染によるR/B内部等への接近性の制約から現場で実施しようとする事前調査や燃料デブリ取出作業等は悉く強い制約を受け，容易に実施できないことである。このため，用意周到な計画と慎重な現場作業を十分な時間を掛けて安全・着実に進めていく必要があるが，その一方で用意周到かつ慎重に進めた結果，廃止措置活動が長引けば，その間，放射性物質の外部への追加放出リスクが比較的高い状態のまま維持され続けるだけでなく，事故によるダメージを受けた主要設備の経年劣化が進み，安全機能が徐々に低下することによってそのリスクが増大していく。いつまでに燃料デブリを取り出す必要があるか，時間軸を強く意識した対応が求められる。また，通常炉の場合であれば不明な点は現地調査等を通じてすべて解消した上で廃止措置計画を立案・実施できるが，事故炉の場合それが困難であるので，不明な点や不確定性を残したままプロジェクトを step by step で前へ進めざるを得ず，想定していない事態が発生した場合は，やり直しや新たな計画の立案・実施が必要となることが想定される。このため，廃止措置を進めるに当たって想像力や発想力の豊かな，戦略的な取組みと効果的・効率的な方法の導入が求められる。

13.4 事故炉廃止措置期間中におけるリスク管理の考え方

　事故炉廃止措置の初期におけるプラント状態は，安定してはいるものの，安全リスク（放射性物質の外部への追加放出リスク）が"比較的高い状態"にある。廃止措置は，これを安全リスクの"低い状態"へ移行させる活動であるということができる。すなわち，事故炉廃止措置とは，安全リスクを初期の"比較的高い状態"から"安全に管理できる状態"，さらには"管理しなくてもよい状態"へ低減する活動である。そして，安全リスク管理のあり方としては，図 13.4 に示すように，"安全に管理できる状態"あるいは"管理しなくてもよい状態"をできるだけ早期に実現し，廃止措置期間中における安全リスクの総和（積分値）を最小化することを常に追求すること，これが最優先されるべき原則であると考えられる [7]。

　この基本原則は具体的には下記の実行を求めている。

- 安全リスクをできるだけ早期に，しかもできるだけ大幅に低減できる対策を常に検討・追求しそれを実行すること。
- 潜在する安全リスク源／危険源の見落としや欠けがないか，想定している安全リスクのシナリオに大きな問題がないかを常に見直し続けること。
- 特に安全リスクを一時的に上昇させるもの（たとえば，燃料デブリ取出作業）や時間の経過とともに安全リスクが増大するもの（たとえば，主

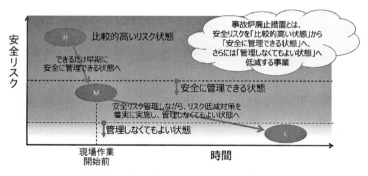

図 13.4　安全リスク管理のための戦略 [7]

要設備の経年劣化による安全機能低下)は注意が必要であり，その上昇量と継続時間を管理し低減に努めること．
- 安全リスク低減策の実施時期の遅延(たとえば，対策方法の選定や実施時期の決断，ライセンシングや地元自治体への理解獲得等に手間取ったりすることによる遅延)は，廃止措置期間中における安全リスクの総和(積分値)の増大をもたらすので，これを最小限にとどめること．ただし，拙速な安全リスク低減策の実施は却って安全リスクを上昇させる可能性があるので，信頼できる安全リスク低減策の確立・検証と早期実施の間のバランスが重要である．

ここで重要なことは，図13.4のM点(安全に管理できる状態)とは，具体的にどのような状態を言い，それをどう実現するか，である．その状態として考えられ具体例の1つは，例の3つの基本安全機能「止める」「冷やす」「閉じ込める」を運転プラント並みかそれ以上の信頼性に維持することである．具体的には，たとえば3つの基本安全機能のそれぞれを下記のような状態にすれば，そのような信頼性の高い状態を実現できると考えられる[7]．
- 「止める(再臨界防止)」機能
周辺の構造材を巻き込んで溶融固化し，核的にも静定した燃料デブリはそれ自身，再臨界が発生・拡大することは考えにくいが，念のため廃止措置活動の一環として再臨界を防止するための対策，すなわち冷却材中への中性子吸収材の添加等により深い未臨界状態を確保して核的に安定化させたり，ジオポリマー等のPCV内充填[8]等により物理的/化学的に安定化させたりする．
- 「冷やす」機能
燃料デブリ等を冷却するとともにダスト発生を防止している原子炉冷却システムをできるだけ小さな循環冷却回路にしてシステムを単純化するとともに，リスク情報を活用してシステム設計を最適化することにより，当該システムの「冷やす」機能の信頼性を高くする．

第 13 章　設備機器の機能維持から見た廃炉の在り方

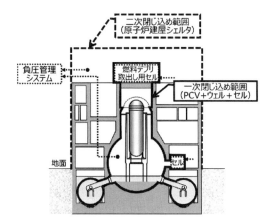

図 13.5　負圧管理による閉じ込め機能（気相部）の構築例

- 「閉じ込める」機能

  事故炉廃止措置期間中の重要な時期である燃料デブリ取出しにおいては，3つの基本安全機能のうち，閉じ込め機能が相対的にたいへん重要となる（前出の図 13.3）。このため，PCV 内へのアクセス用開口部を設置する際に気密性の高いセルを設置したり，R/B の損傷部位を補完する追加放出抑制シェルターともいうべきバリヤや負圧維持システムを設置したりして外部への放射性物質の追加放出を抑制する（図 13.5）。

13.5　戦略的で効果的・効率的な設備保全管理の必要性

最初に，なぜ保全を実施する必要があるか，である。一般に機器を運転すると，時間の経過とともに機器の各部に特有の経年劣化が発生・進展し，それが高じると，機器の機能が徐々に低下し最終的に喪失する（損傷・破壊，故障，停止など）。この機能低下・喪失によって周囲に安全上及び経済上の問題を生じさせる可能性があるので，これを回避するために保全を行う。経年劣化は，「材料」「応力」「環境」の3つの要素の組合せでその劣化モードや発生・進展速度が決まる（図 13.6）。

第 2 部　応用編

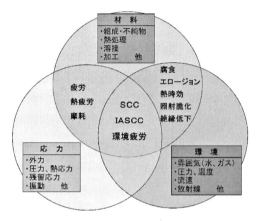

図 13.6　経年劣化事象の 3 要素

　また，保全は一般に機器に経年劣化が発生・進展することを想定し，計画的に「検査」を実施し，その結果に基づき経年劣化の発生・進展を「評価」し，そして損傷や故障が発生する前に補修・取替え等の「是正」を講じる，いわゆる予防保全を基本としている。この予防活動を多数の機器から構成される大きなシステムに対して行う場合，それを合理的に行うために，前述のように，個々の機器の重要度を考慮したり，類似する機器のグループの中から代表性のある機器や条件の厳しい機器を選定して保全対象としたりするなど，保全リソースをできるだけ無駄に消耗しないように計画・実施するのが基本である。この考え方を系統的に展開し制度化されたのが，原子力発電所の「高経年化技術評価」である。この技術評価の手順を図 13.7 に示す。

　また，経年変化事象[3]も客観性を確保するため，当初は学術図書等を参考に抽出する方法（図 13.8）が採用されたが，現在はそれを踏まえて実際

---

[3] 高経年化技術評価においては，「経年劣化事象」という用語は用いず，「経年変化事象」という用語を用いている。これは評価対象である事象，たとえば照射脆化は必ずしも材料の劣化ではなく，材料の変化ととらえるべきとの考えから「経年変化事象」という用語を用いている。

208

第13章　設備機器の機能維持から見た廃炉の在り方

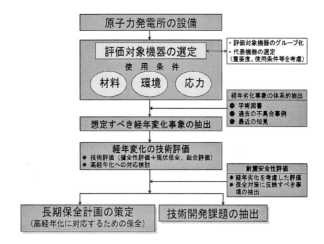

図 13.7　高経年化技術評価の流れ

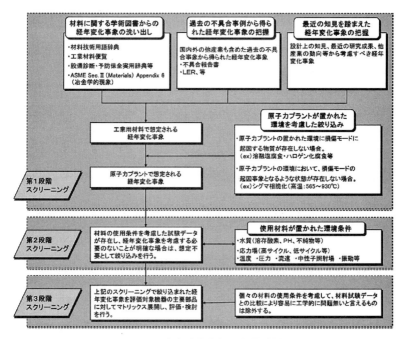

図 13.8　経年劣化事象の体系的抽出

の保全結果や高経年化技術評価の結果も反映されて標準化されている[9]。

　以上述べてきた内容は，通常の運転プラントである原子力発電所に対するものであるが，事故炉の廃止措置時における原子力発電所に対しても基本的に同様のことが言える。ただし，これらをそのまま適用することはできない。それは繰り返し述べているように，高放射線量率と高汚染のため，保全対象への自由な接近が困難であり，機器の状態や環境を直接検査し確認することができないので，経年劣化の発生・進展，そして機能喪失の発生有無やその時期を精度よく評価・推定できないという事情があるからである。特に事故による機器の物理的ダメージを実際に検査しないで推定すること，事故後は事故炉廃止措置特有の環境にさらされることから，個々の機器の経年劣化を精度よく推定することは困難である。しかし，このような条件下だからといって過度に保守的な評価や対応を取れば保全リソースの消耗・破綻となり，過度に楽観視すれば放射性物質の外部への追加放出という安全問題が突然発生する事態となる可能性がある。そのような事態が発生しないように適切に設備保全管理を行うには，長期を要する事故炉廃止措置全体を見渡してその時々における条件（廃止措置活動とSSCの劣化状態）を十分に把握・勘案し，特別なアイデアや工夫を取り入れた設備保全計画（以下，これを「長期設備保全計画」という。）を立案・実行し，得られたデータを分析・評価することによって，わずかな経年劣化の兆候を捉えることができるようにすることが必要である[10]。

　設備保全計画は，一般に「保全対象個所」「保全タスク」「保全実施時期」の3つの要素から成る。

　まず，「保全対象個所」である。事故炉では保全対象への接近性が極端に制限されているため，保全対象の健全性を適切に把握するという目的を達成できる範囲内で，できるだけ保全対象個所を絞り込む必要がある。保全対象個所を絞り込めば，それに連なる多大なリソースを要する保全活動（保全実施体制／要員数×所要時間，必要資機材など）を削減できるの

第 13 章　設備機器の機能維持から見た廃炉の在り方

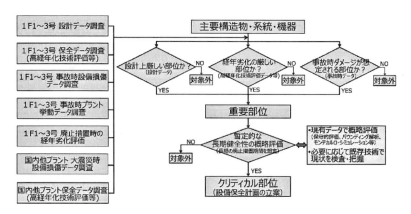

図 13.9　クリティカル部位抽出の考え方 [5]

で，たいへん重要な検討である．絞り込みの具体的方法としては，保全対象の健全性に大きな影響を及ぼす箇所（部位）を設計，経年劣化，事故の3つの観点から絞り込み特定する方法（図13.9）や経年劣化事象3要素（材料，応力，環境）の観点から経年劣化が発生・進展しやすい箇所を損傷リスク重要度として評価する方法（図13.10）など，戦略的なアプローチが強く求められる．

絞り込まれた保全対象個所に対して実施する「保全タスク」は，これも保全対象の健全性を適切に把握するという目的を達成できる範囲内で，できるだけ少ないリソースで実施できる効果的・効率的な方法（検査・モニタリング方法及び補修等の是正措置方法）を採用することが重要である．通常は適用できる既存の方法の中から最適な方法を選定するが，そのような方法が十分ない場合には技術開発を行う必要がある．この場合も技術開発コストを含めたコスト・ベネフィット分析を実施した上でリソースの消耗の少ない方法を採用することが重要である．

最後に「保全実施時期」は，通常，経年劣化の進展を予測し，ある程度の劣化が進んだと予測される時点でそれを確認するために検査を実施する，そのような次回検査の時期として決定される．また，同様に機能喪失

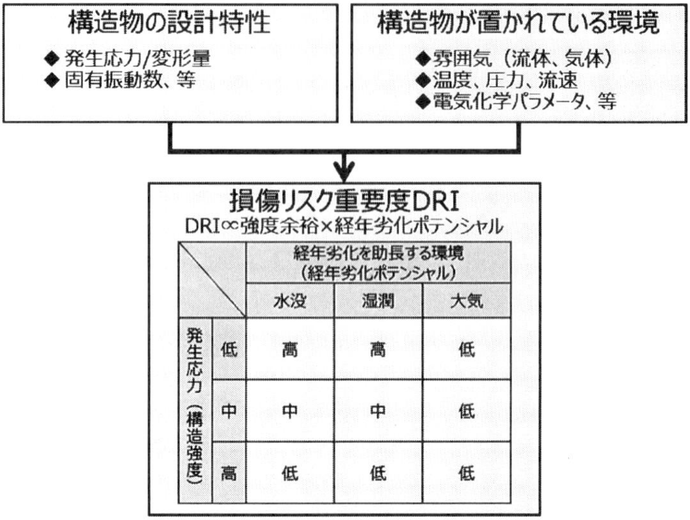

図 13.10 経年劣化の発生・進展し易さの評価 [10]

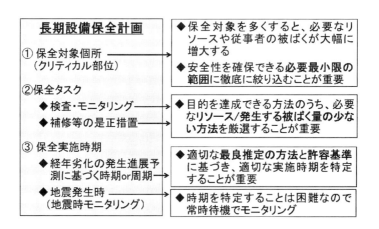

図 13.11 長期保全計画のイメージ [10]

が予測される前に補修等の是正を実施する必要があるので，そのような時期として是正実施時期が決定される。したがって，予測よりも劣化が進行しているようなことがないように保守的に経年劣化の進展速度を設定する必要があるが，その一方で過度に保守性を確保すると，次回の検査時期や是正時期を過度に早めることとなり，必要以上のリソースを消耗させることとなる。このようなことが発生しないように適切に経年劣化の進展速度やそれに基づく保全実施時期を決定する必要がある。

以上をまとめて長期設備保全計画のイメージを図 13.11 に示す。この図から長期保全計画とは，有限なリソースの下で如何に安全性（安全機能を有する主要設備の健全性）を確保するか，それを追求する問題であるということができる。

13.6 まとめ

これまで述べてきたように，事故炉の廃止措置を安全着実に進め，最終的に完遂するには，燃料デブリを回収するだけでなく，事故でダメージを受けている RPV や PCV，R/B 等の主要設備の保全を実施してプラントの閉じ込め機能を確保・維持することによって安全性を確保する必要がある。また，回収した燃料デブリや解体廃棄物を含む放射性物質を安全に移送・保管・処理・処分する必要がある。このような大プロジェクトの全体を俯瞰し，その時々で変化する安全リスク（放射性物質の外部への追加放出リスク）を適切に評価し，リスクレベルに応じて必要な対応措置を講じる必要がある。そこでは，潜在するリスクに対して敏感であるとともに，それを適切に評価できる科学的・工学的能力とリスク重要度に応じた戦略的なマネジメント力が求められる。

1F の廃止措置が世界でも例のない困難な取り組みとなっている最大の理由は，事故によって炉心が溶融し，さまざまな構造物と混じりながら冷えて固まることによって生じた「燃料デブリ」の存在である。それも燃料デブリは RPV 内にとどまらず，RPV 外の PCV 底部にも広く散乱し，その一部は PCV 外にも漏えいしており，R/B 内のスペースに立ち入ることすら

困難なほどに高放射線量率かつ高汚染の環境が形成されている。このような状況は月面着陸や探査を果たしたアポロ計画，小惑星から物質を持ち帰った小惑星探査機「はやぶさ」による小惑星サンプルリターン計画などに例えられるくらい困難な取り組みであると言えるかもしれない。しかし，その一方で人類にとって未知の領域，最先端の科学・工学を踏まえた高度な研究開発や技術開発のフロンティアがそこにあると見ることもできる。そこには若い研究者や技術者がチャレンジできる，魅力ある課題が数多く存在する。

　事故炉廃止措置の完遂には長期を要する。また，既存技術の組み合わせのみならず，革新的技術の開発あるいは現象等の原理的解明などが不可欠であり，学術的にも広範な分野での高度な挑戦が求められている。このため，廃止措置に関連するすべての学術基盤の維持・振興と新たな知識基盤の確立，それらの基盤に基づく事故炉廃止措置技術の開発，そしてそれらの伝承のための人材育成が重要な課題となっている。これらの課題解決への投資は，単に事故炉廃止措置だけでなく，原子力産業全体あるいは他産業への波及効果も極めて大きいと考えられるので，我国の将来への投資と考えることができる。

　今後も国内外の英知を結集して上記の課題を乗り越え，効果的・効率的な事故炉廃止措置技術が開発されること，その技術の適用によって1F廃止措置が安全着実に進捗し完遂されることが強く期待される。

[参考文献]
[1] 廃炉・汚染水対策関係閣僚等会議HP,"東京電力ホールディングス㈱福島第一原子力発電所の廃止措置等に向けた中長期ロードマップ",2019年12月27日
(https://www.meti.go.jp/earthquake/nuclear/pdf/20191227.pdf)
[2] 原子力損害賠償・廃炉等支援機構,"東京電力ホールディングス㈱福島第一原子力発電所の廃炉のための技術戦略プラン2022",(2022)
[3] 原子力規制委員会,"東京電力福島第一原子力発電所の中期的リスクの低減目標マップ（2020年3月版）",2000年3月4日
(https://www.nsr.go.jp/data/000306118.pdf)
[4] 東京電力ホーディングス株式会社,"廃炉中長期実行プラン2023",2023年3月30日

(https://www.tepco.co.jp/decommission/progress/plan/pdf/20230330.pdf)
[5] 青木孝行,「事故炉廃止措置時におけるリスク管理に関する検討」, 日本原子力学会和文論文誌, 18, No.3, 119-134 (2019)
[6] Takayuki Aoki et al., "Study of the Optimization of Maintenance Plan for Nuclear Power Plants", E-Journal of Advanced Maintenance (EJAM), 6, No.1, 1-13 (2014)
[7] 青木孝行, 増子順也, 池田敦生, 根岸孝行,「事故炉廃止措置時における安全機能の信頼性評価とリスク管理に関する検討〜閉じ込め機能の信頼性評価を踏まえて〜」, 日本原子力学会和文論文誌, 19, No.2, 85-109 (2020)
[8] 鈴木俊一, 酒井泰地, 岡本孝司,"ジオポリマーを活用した燃料デブリ取り出し工法の提案(その2)", 日本保全学会第15回学術講演会要旨集, 409-412 (http://www.meti.go.jp/earthquake/nuclear/pdf/130426/130426_02d.pdf)
[9] 日本原子力学会標準,「原子力発電所の高経年化対策実施基準 付属書C(規定) 経年劣化メカニズムまとめ表に基づく経年劣化管理」, (2022)
[10] 日本原子力研究開発機構 福島研究開発部門 福島研究開発拠点 廃炉環境国際共同研究センター, 東北大学,「建屋応答モニタリングと損傷イメージング技術を活用したハイブリッド型の原子炉建屋長期健全性評価法の開発研究(委託研究)－令和4年度英知を結集した原子力科学技術・人材育成推進事業報告書－」, JAEA-Review 2023-048, 135-143 (2024)

第14章　研究教育体制と人材育成

14.1　研究教育体制の確立

1F事故以降，廃止措置や廃炉に関わる講義の開講や，講座の設置が行われてきた。

東京工業大学では2016年度より工学院，物理工学院，環境・社会工学院にまたがる原子核コースを設置し，それまで学部を持たない大学院からの原子力専攻であった状態から，学部 - 大学院一貫教育制度となった[1]。新カリキュラムでは，核燃料サイクル工学科目群を設け，核燃料サイクル工学，放射性廃棄物処分工学，原子力化学工学特論を実施している。さらに1F対応といえる核燃料デブリバックエンド工学実験AおよびBを設け，原子力化学分野の実験能力を高める工夫をしている。

大阪大学では，従来の核燃料工学に加え，基礎化学や放射線化学，無機化学といった化学系の科目を設けている[2]。また，環境・エネルギー工学専攻となり，原子力系科目の履修が減少するとともに，専攻教員でカバーできない講義については，他大学との連携により対応している。

他大学との連携に関しては，阪大 - 福井大 - 近畿大間の連携のほか，東京都市大 - 早稲田大による共同原子力専攻もある。更に発展させると，原子力教育システム全体を体系化する事業となる。例えば北大が主管している文部科学省補助事業「機関横断的な人材育成事業：機関連携強化による未来社会に向けた新たな原子力教育拠点の構築」(Advanced Nuclear Education Consortium for the Future Society; ANEC) では事務局を北大として，実施メンバーである東北大，東工大，福井大，京大，近大，高専機構をふくめた企画運営会議を持ち，オープン講義や実験，国際協力等にまたがる教育用教材の製作，実施を行っている[3]。実施に当たっては，4グループによる事業展開を図っている。各グループの概要を表14.1に示す。また，カリキュラムグループの実施内容を表14.2に示す。筆者は北大より依頼を受け，核燃料・材料分野オンライン教材として，「核燃料の化学」(90分講義，10回分) を担当した。収録は数回に分けて北大にて行

第 2 部　応用編

表 14.1　ANE プログラムの概要

担当グループ	主管校	内　容
カリキュラム	北大	体系的カリキュラム開発他
国際	東工大	IAEA 原子力安全基準研修他
実験・実習	近大・京大	原子炉実習基礎・中級・上級他
産学連携	福井大	原子力業界探求セミナー他

表 14.2　カリキュラムグループの実施内容

実施内容	対応校
体系的な専門教育カリキュラム開発	北大，高専機構
オンライン教材	北大
単位互換	北大
高校理科教員や小中学生向カリキュラム	高専機構

　い，講義資料内容の許認可や，講義内容について確認後，公開している。公開講義であることや収録による講義である性格から，講義内容についての制約や情報伝達の双方向性が不十分になることは避けられない。

　昨年より福井大を主管として ANEC プログラムが開始された[4]。ここでは講義・実習を以下の4つの基礎的領域に大別し，各領域において履修順序を考慮した初級/中級/上級クラス分けを行い，全体が把握できる講義・実習のマッピングを行っている。本プロジェクトでは JAEA が参加し，学生が放射線作業従事者として溶媒抽出や燃料設計など核燃料物質を用いる実習を取り込んだことが特徴である。開発スケジュールとして昨年度は教育プログラムのドラフト版作成，R5-7 は教育プログラムの試験運用とし，R8 年度以降に本格運用としている。

　　A：炉物理・炉工学 / 燃料・材料
　　B：放射線計測 / 利用 /RI
　　C：サイクル / 処分 / 廃炉
　　D：社会学 / マネジメント

第14章 研究教育体制と人材育成

表14.3 原子炉廃止措置工学概論/特論の講義内容

時限	概論		各論	
	1日目	2日目	3日目	4日目
1	リスクの概念とリスク評価・管理の基礎	福島第一の廃炉のための技術戦略プラン	機器・構造物の機能維持と経年劣化対応の重要性〜腐食現象と放射線影響〜	燃料の固体化学と燃料デブリの基礎
2	原子力発電所の概要と安全管理，設備管理の考え方	福島第一の廃炉研究開発の現状と課題	放射線計測技術	福島第一原子力発電所過酷事故の事故シナリオと炉内状況の推定
3	原子力発電所の廃止措置の取り組み状況	損傷したコンクリート構造物の長期健全性評価の考え方	原子力発電所の廃止措置における遠隔技術の役割と適用技術	燃料デブリの分析について
4	福島第一原子力発電所の現状と今後の展望	TMI及びチェルノブイリの経験から学ぶもの，福島へ反映できるもの	廃炉作業に伴うロボット技術の開発と現場適用の状況（I）	燃料デブリの特性把握と処置
5	福島第一原子力発電所事故の進展と教訓		廃炉作業に伴うロボット技術の開発と現場適用の状況（II）	放射性廃棄物の管理・処分

　東北大学大学院工学研究科では2016年度より原子炉廃止措置基盤研究センター教員による「原子炉廃止措置工学概論/特論」が開講されている[5]。表14.3には2023年度の講義内容を示す。講義全体を概論及び各論に分け，廃炉の計画や取組状況，課題といった全体的な内容から，燃料デブリや分析など，より内部に関わる講義も含んでいる。受講修了にあたって，修士課程の学生は15講義（概論9，各論6）以上の履修が，また，博士課程の学生には，全講義の履修が必要であり，修了者には修了証が授与される。

　これまで述べてきたプロジェクトによる教育体制の構築は，その性格から数年単位の断片的なカリキュラムや財源毎の並列的な事業実施になりがちであり，各大学および原子力分野における系統的かつ連続的な教育体制の確立が望まれる。

14.2 JAEAにおける人材育成

14.2.1 分析を行う組織と必要な人材

1F廃炉に関わる分析については既著「燃料デブリ化学の現在地」第5章「燃料デブリの分析」に関連内容が紹介されているので参照されたい[6]。

(1) 原子力施設における分析組織

分析作業の各段階において、分析評価者と分析作業者（分析作業管理者を含む）とが一つの分析の組織の中で、分析の業務に従事することとなる。この分析評価者は分析計画（ここでは、分析の目的を把握し適切に分析方法を指示し、分析値を評価して目的に合った分析結果を得る）を策定する。また、分析作業者と分析作業管理者（以降、分析作業管理者も含めて"分析作業者"とする）は、分析所において実際に分析作業に従事する。図14.1に分析研究・技術者の組織的な体制図を示す。

また、廃止措置というプロジェクトの実施においては、ある一定の種類の試料に対して一定の核種を定期的に実施するルーチン分析（定常分析）が主となる。しかし、一方でプロジェクトの推進においては、定期的ではなく必要に応じて実施する分析（非定常分析）が発生する。このような場

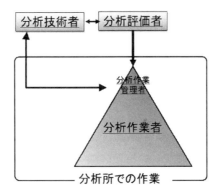

図14.1 分析を行うための組織

第14章　研究教育体制と人材育成

合には，マニュアルにない分析あるいは新たにマニュアルを作成して分析を実施しなければならない場合もあり，そこに対して対応できる人材（分析技術者）も必要となってくる．このような人材には，分析作業者や分析評価者とはさらに別の能力も要求される．

(2) 分析作業で必要となる知識能力

　図14.2に廃止措置プロジェクトからの要求事項に対する，分析実施についての流れを示した．また，図14.3に分析を行うために，分析の人材毎に必要な知識・技能について示した．廃止措置に係る分析業務は，その廃止措置の進展状況に合わせて，その時々に廃止措置を行っている作業側からの要求に応える形で進められる．さらにその廃止措置作業自体は，プロジェクトの全体を俯瞰しながら進められる．

　その中にあって，分析評価者は，廃止措置に係る分析業務全体を監督する者として，廃止措置の状況について全体を俯瞰しつつ，適切な時期に，適切かつ的確な分析値を報告することが必要である．さらに分析評価者は，要求を達成するために必要となる分析の目的（核種濃度を評価する目的，廃止措置を行う際に安全上必要，等）を明らかにしたうえで，その分析の目的に適合する分析計画を策定する必要がある．また，その際には，目的をさらにブレークダウンして，分析データへの要求（試料の特性，目的核種，感度，精度など）を明確にした上で行う必要がある．

　分析評価者は，ルーチンとして可能な分析（分析マニュアルがあるもの）を分析作業者に指示する．分析結果について報告を受けた分析評価者は，分析で得られた結果について，正しく分析がなされているか，分析結果が要求される仕様を満たしているかなどを評価し，依頼側である廃止措置プロジェクトに報告することとなる．

　分析作業者は，分析の現場で，分析計画に基づいた要求事項を理解したうえで，信頼性のある分析値を報告することができるように，マニュアルを遵守し，安全を確保しながら分析を実施し，分析結果を分析評価者に報告する．また，分析作業者はもっぱら，分析所において分析作業を行

第2部　応用編

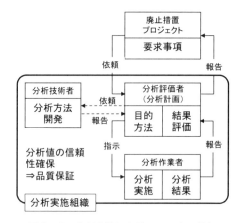

図 14.2　分析実施におけるデータの流れ

図 14.3　分析を行うために必要な知識能力のイメージ

うため，特に分析の技能面の充実を図ることが必要となる。したがって，分析作業者は，安全にかつ正しく分析ができるだけの技能を持っていることが，最も重要であり，かつ分析の信頼性を得るための品質管理の知識を有していることが求められる。

　分析技術者は分析評価者からこれまでに実績のない分析を行うことを依頼されることから，分析方法を開発し，分析結果をその分析手法の妥当性とともに報告する。また，その分析方法がルーチンで実施する必要がある場合には，ルーチンで分析を行うため分析マニュアルを整備する。そのため，分析技術者は特に分析に関する化学的・物理的な専門知識や特にそ

第14章 研究教育体制と人材育成

れらの分析を実施できるだけの技能を有していることが必要となる。

① 分析作業者が有すべき分析に関する知識

分析作業者の基本事項と必要な知識を表14.4にまとめた。

(a) 分析に係る基本的事項

ここでは分析の意義に関する知識が必要とされる。すなわち1Fの廃止措置に係る廃棄物の処理処分のための分析を実施する必要性，目的に適合した分析方法，習得すべきデータなどを理解することが必要と考えられる。そのため，分析の必要性，目的を理解するための廃棄物処理処分，核種分析などに関する基礎知識が必要となる。さらに，実際に分析をするに当たっては，使用する試薬の反応性・危険性をよく理解して分析操作における安全性を確保することが重要である。また，特に，ごく低濃度の分析いわゆるトレースアナリシスを行う場合には分析環境について，周囲の雰囲気や試薬，器具などからの汚染（コンタミネーション）には十分注意する必要があり，そのための注意力が特に必要となる。

放射性廃棄物中の核種の分析においては，あまり外部の環境からの汚染の可能性は低いが分析室内からの汚染や，分析装置に質量分析計を用いる場合には，放射能分析とは異なり天然の同重体の影響についても十分注意する必要がある。

(b) 溶液化学的な分析法に係る基本事項

廃止措置のための分析業務を行うにあたって，多種多様な分析試料を対象として多くの作業者がかかわることとなる。そのため品質の高い分析データを取得するためには作業者において分析に係る操作の溶液化学や分析機器などの基礎を理解している必要がある。

・<u>溶液化学の基礎知識</u>

分析試料の採取，分解，溶解から分離，回収，化学分析，機器分析に至る分析マニュアルを，溶液化学反応として正しく理解するため，試料の溶解，溶液化学的手法による元素分離，定量などに関する溶液化学の基

第2部　応用編

礎知識が必要となる。特に，分析作業中に通常と異なる状態になっていること等，安全や品質の劣化につながるような現象についてすぐに気づくなど注意力，観察力を有することが重要と考えられる。

・分析機器の基礎知識

　使用する放射能測定機器（液体シンチレーションカウンタ，γ線スペクトロメータなど）やICP-MSなどの操作原理等を理解し，正しい分析操作で信頼性の高い分析データを取得するため，放射能測定機器，ICP-MS装置等の原理，構成，取り扱い方法等に関する基礎知識及び分析機器の健全性が確保されていることを担保するための知識・技能やトラブル対応に対する技能なども必要となる。

・安全に関する知識・技能

　強酸，強アルカリ，混酸，酸化剤等による急激な反応や，強酸等による容器材料等の腐食を予測し対応策を講じたり，また身体に付着したなどの緊急事態に対応するため，危険な化学反応，試薬類に関する基礎知識（Safety Data Sheetの見方など）を身に着ける必要がある。

　さらに，放射性物質を取り扱うことになるため，放射性核種を扱うためのグローブボックスやヒュームフード（ドラフトチャンバー）などの取扱いや，放射性物質による内部・外部被ばくを避けるための知識・技能などについても十分身に着ける必要がある。

（c）品質管理に係る基本事項

　ここでは品質保証の基礎知識が必要とされる。正しく品質管理された分析業務を実施し，信頼性の高い分析データを取得するため，品質保証の基礎知識として分析操作，機器，校正用標準，データ解析等に係る品質保証の知識を身に着ける必要がある。

表14.4 分析作業者に要求される必要な知識

必要な知識		
基本事項	項目	概要
分析に係る基本的事項	分析の意義に関する知識	分析の必要性,目的を理解するための廃棄物処理処分,核種分析などに関する基礎知識
溶液化学的分析法に係る基本的事項	溶液化学の基礎知識	試料の溶解,溶液化学的手法による元素分離,定量などに関する溶液化学の基礎知識
	分析機器の基礎知識	放射能測定機器,ICP-MS装置等の原理,構成,取り扱い方法等に関する基礎知識
	安全性に関する知識	危険な化学反応,試薬類に関する基礎知識(SDS*の見方)
品質管理に係る基本的事項	品質保証の基礎知識	分析操作,機器,校正用標準,データ解析等に係る品質保証の基礎知識

② 分析評価者に要求される知識及び技能

分析目的や計画の明確化,また分析結果の評価等を担当する分析評価者には表14.5にまとめたような知識および技能が要求される。

・廃止措置プロジェクトを俯瞰する能力

廃止措置プロジェクトを俯瞰し,廃止措置の進捗状況を理解した上で分析課題の意義,必要性を正しく判断する能力が必要となる。このことによって対象となる元素(核種),分析値の範囲及びその精度などを明確化することができる。

ルーチン分析などで多くの分析を行う場合,その分析値の持つ意味をよく理解しておく必要がある。分析値の位置づけを明確にすることによって対象となる元素(核種),分析値の範囲及びその精度などを明確化することができる。

・分析結果を評価する能力

分析結果の評価に関連して,実施した分析作業員が十分なスキルを有しており,正しい手順で,正しく構成された装置,標準物質を用いて分析を実施したことを確認,評価する能力や,品質保証上の概念を理解し,正しく評価することにより信頼性のある分析値を廃止措置プロジェクト側に報告することができる。

第2部 応用編

表14.5 分析評価者に要求される知識および技能

項　目	必要な知識及び技能	
	知　　識	技　　能
俯瞰的な視点での分析課題，その必要性の判断	・廃止措置プロジェクト全体に関する俯瞰的知識 ・分析目的を決定するために必要な知識 ・分析計画を策定するために必要な分析専門知識	・プロジェクト全体の進捗状況，解決すべき課題等を俯瞰的に把握し，それを目的および分析目的に関係付ける技能 ・分析作業経験で蓄積した分析技能全般
分析結果の評価と，それに基づく品質保証活動	・サンプリング方法の妥当性を評価するための統計処理に関する知識	・代表サンプルを採取できたか評価できる経験的技能
	・分析作業者の信頼性の評価に必要な種々の誤差の要因に関する知識	・分析作業者の技能を評価する技能 ・分析作業経験で蓄積した分析技能全般
	・分析装置の校正の妥当性評価に必要な知識	・校正記録の確認，標準試料のトレーサビリティ，検出限界値，繰り返し精度などに係る経験的技能
	・品証活動全般に関する知識	・PDCAの各ステップにおいて適切な活動ができる技能 ・不適合事象を的確に発見し，それに適正に対応する技能

③ 分析技術者に要求される知識及び技能

分析計画の立案，分析結果の評価等を担当する分析評価者には表14.6に示したような知識及び技能が要求される。

・分析方法を開発する能力

分析技術者はルーチン分析ではマニュアルにはない物質や元素（核種）の分析法を新たに作ることが第一に求められる。そのため廃止措置のプロジェクトのどの目的で分析値が使われるのかについて理解して分析法を開発する必要がある。

・妥当性のある分析方法をマニュアル化する能力

また，開発した分析法が今後ルーチンとして用いられるのか，それとも一時的に必要なデータをとるためだけに使われるのかについても判断する必要がある。もしも，今後ルーチンとして使われる場合には，図14.4にルーチン化の観点で必要となる項目で示したように，分析法の妥当性につ

第 14 章 研究教育体制と人材育成

表 14.6 分析技術者に要求される知識及び技能

項 目	必要な知識及び技能	
	知 識	技 能
要求事項に適合した分析計画，マニュアル等の作成	・廃止措置プロジェクト全体における当該分析課題の位置付けに基づき，適正な分析精度，感度を決め，それに適合する分析方法を選定し，最も合理的な分析マニュアルを作成するために必要な専門的知識 ・全ての分析方法の原理，特徴，適用性，限界，妨害等に関する幅広い知識	・分析作業経験に基づくサンプリング方法，前処理方法，定量方法，及び分析の高感度化方法，高精度化方法，妨害除去方法に関する技能
分析方法，マニュアルの妥当性の確認，評価	・サンプリング中のクロスコンタミネーションの汚染源となる物質の化学的挙動に関する知識 ・標準物質，標準試料，標準溶液等を用いる分析の結果から，標準偏差，繰返し精度，検量線の直線性，トレーサビリティ，検出限界値などを精査し，採用した分析方法，マニュアルの妥当性を評価するための知識	・クロスコンタミネーションを回避する技能

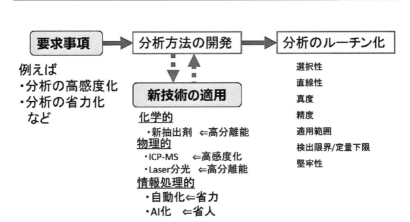

図 14.4 分析技術の高度化・ルーチン化

いて確認するための能力（特に分析作業における少しの条件の違いでも，結果には影響しない"堅牢性"）や，廃止措置プロジェクトを俯瞰し，廃止措置の進捗状況を理解した上で分析を行うことのできる能力。さらに，分析評価者から要求される分析事項を正しく判断し，要求に適合した分析方法を開発し，マニュアル化する能力が必要となる。

なお，ルーチンとして使用する分析マニュアルにおいては，ある一部の作業員のみができるような難易度の高い分析などは最小限にとどめるべきである。

分析技術者は，その分析所のレベルを決定するキーパーソンとなる。したがって，常により良い分析法を開発していくことを意識しつつ，分析の高度化を図る立場であると考える。図14.4に示したように，分析技術のさらなる高度化のためには，常に情報を得ている必要がある。新しい技術の導入は慎重であるべきではあるものの，同時に果敢にチャレンジしていくことも重要であると考える。

分析技術者の今後の責務として，ルーチンで実施できる分析については，可能な限り自動化を図ること等により人的な資源の最少化を図るとともに，分析者をより高度な評価が必要となる分析（例えば化学種を特定するような状態分析や，ごく低濃度の分析など）にシフトさせていくべきと考える。

14.2.2　核燃料研究に関連した人材育成
(1) はじめに

1F廃炉を進めるにあたっての最大の課題は，燃料デブリの取り出し，保管等の廃炉プロセスを必要な技術開発を行いながら安全に遂行していくことであろう。燃料デブリは，その組成や形態などは異なるものの，大元は軽水炉燃料・材料であることから，当然ながら核燃料物質取扱技術や関連する各種分析・評価技術をベースとした技術開発及び研究，すなわち核燃料研究が必要となる。

核燃料研究は，核燃料開発に必要な各種技術，すなわち核燃料製造技

術，燃料物性評価技術，照射後試験（Post Irradiation Examination, PIE）技術等の開発とともに実施されてきており，核燃料工学として体系的に確立されている［7］。核燃料物質の特徴としては，放射性物質であるのみならず，化学的にも複雑な挙動を示すウラン等のアクチノイドを主成分として含んでいること，核分裂生成物等の多様で比放射能が高い放射性物質が様々な組成で含まれることが挙げられる。さらに，核燃料物質は原子炉内という高温かつ多様な放射線による照射下環境に晒されるため，そのふるまいを明らかにするためには，放射性物質の安全な取扱を前提として1,000℃を超える高温領域において核燃料の物性や化学的特性を測定することが必要となる。このことから，物質科学的側面からは，核燃料工学は多様な線種（α線，β線，γ線，中性子線）を放出し比放射能が高い物質の取扱技術を基本として，高温物性・高温化学に係る測定評価技術が必要であり，かつ放射化学分析等多様な専門性が要求される。さらには，複雑・多様な系での物質を対象とするため，何のために測定・分析・解析を行って何を評価するのか，ということが原子炉内での核的・熱流動的背景の理解と併せて極めて重要となり，総合的な研究・工学体系である原子力工学の代表的な例であろう。

　軽水炉以外の高速炉や各種新型炉用の新型核燃料の研究開発においても，都度新しい測定手法の開発や適用を行いつつ，物性等必要なデータの取得と蓄積，試作燃料の原子炉での照射試験とPIEを通じた燃料ふるまい解析評価という基本的な流れは変わらない。また，時代とともに，高度な測定手法や分析手法が開発されてきてはいるが，放射性物質である核燃料物質の取扱技術の基本的部分は不変である。すなわち，1F廃炉のための技術開発においても，核燃料物質の取扱技術を基本とした核燃料工学体系に基づいて研究開発をすすめていくこととなろう。本稿では，燃料デブリ取り出しにおいて重要となる燃料デブリの分析及び評価に係る技術開発・研究を例にとり，必要となる能力，専門性，またそれらを踏まえた人材育成の視点について述べる。

(2) 燃料デブリの分析及び評価

1F廃炉においては燃料デブリの取り出しが最重要課題の一つである。1Fでは通常とは異なり、核燃料物質・放射性物質が剥き出しの状態で燃料デブリ等の形で存在しており、分布や性状は不明である。つまり、重大事故を生じていない炉（健全炉）の廃止措置と異なり、健全炉で要求される放射性物質の閉じ込め機能を満たしていない状態であることが最大の違いである。すなわち、1F廃炉は放射線の遮蔽及び放射性物質の閉じ込めと言う放射線安全の観点で、健全炉の廃止措置とは比較にならない程の困難さがあると言える。

1Fの廃炉作業を進めるにあたっては、燃料デブリの取出し、取出した燃料デブリの保管管理及び処理処分に係る工程設計及び工程管理を行う必要がある（図14.5）。このためには、格納容器・圧力容器内の内部調査や、今後取得される燃料デブリ等サンプルの分析を行うことにより、燃料デブリの特性や分布、各種構造物の破損等の状況を明らかにすることが不可欠である。さらには、これら状況に関する知見や情報を用いて事故原因の究明を進め、それらを適時適切に廃炉の工程設計及び工程管理に反映するとともに、それらを継続的に改良していくことが重要である[8]。すなわち、燃料デブリの分析及び評価においては、以下に示すことが重要となる。

- 廃炉作業を安全かつ着実に進めるニーズの観点で、燃料デブリの取出し、保管管理、処理処分及び事故原因の究明においてどのような課題があるのか、その課題を解決するためには燃料デブリについて何をどのように分析すればよいのかを明確にすることが必要。
- 様々な予測手法も用いて、調査の進展により少しづつ明らかになる状況・情報を反映して、ニーズ詳細化・具体化と予測手法や取出し・分析方法を継続的にアップデートしていくことが必要。
- 上記に係り、数十年にわたるデブリ分析・評価に係る研究・技術開発が必要。すなわち、専門人材の育成が不可欠であり、特にベースとして「核燃料工学」「分析技術」「事故解析技術」に係る専門性が重要。

第14章　研究教育体制と人材育成

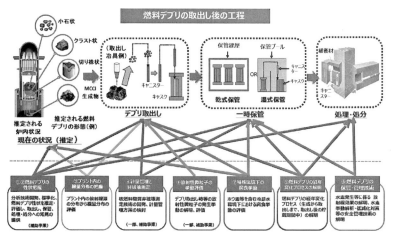

図14.5　燃料デブリの取出し後の工程

(3) 核燃料の観点から見た必要となる専門性とその醸成

ここでは前項 (2) で示した燃料デブリに関して，必要となる専門性のうち，核燃料工学を中心として，その内容を他の専門性との関連とともに述べる。

核燃料工学について大まかにその構成を述べるとすると，熱物性等の様々な特性を評価し，核燃料の製造技術開発とキャラクタリゼーションを行い，原子炉内で照射される核燃料の通常時のふるまいを照射後試験（PIE）と核燃料ふるまい解析により評価し，核燃料の改良による安全性向上等へ反映するための一連の専門領域であり，これらに必要な各種の測定，解析及び評価等技術の開発が含まれる。

この核燃料工学の構成を基本として考え，「分析技術」「事故解析技術」を組み合わせると以下の通り記述できる。本節では，この専門領域を仮に「燃料デブリ分析及び評価工学（仮称）」と呼ぶこととする。この研究分野には，核燃料の物性等の様々な特性を評価し，核燃料の製造技術開発とキャラクタリゼーションを行い，原子炉中で照射される核燃料の通常時及

231

び事故時のふるまいを照射後試験（PIE）と核燃料ふるまい解析，並びに燃料デブリ分析と事故時・事故後挙動解析により評価し，燃料デブリ取り出しへの知見等提供を行うとともに，核燃料の改良による安全性向上等へ反映することであり，これらに必要な各種の測定，解析及び評価技術の開発が含まれる。

　また，「事故解析技術」及び「分析技術」はこれまでに確立されてきた体系であるため，「燃料デブリ分析及び評価工学（仮称）」体系にそれらの専門性を最大限生かすのは当然のこととして，これら3分野を単に束ねるのではなく，1F廃炉という目的に向けて1つの専門領域を新たに設立するくらいの有機的な相互組み込みと連携が重要と考える。当然ながら極めてチャレンジングな試みとなるが，数十年の長期にわたる1F廃炉において専門人材を育成しつつ，新たな専門分野の確立を目指し，かつその成果を元々の専門分野の進歩に還元することは意義あることと思われる。以降，核燃料工学を基本として，事故解析技術と分析技術をどのように「燃料デブリ分析及び評価工学（仮称）」に取り込むかの視点での考えを述べる。

　まず，核燃料工学の現状と特徴を振り返る。原子力に関する他の分野においても多かれ少なかれ似たような状況であろうと推察されるものの，核燃料工学分野では1F事故前から専門人材の減少が言われており，人材リソース等は慢性的に不足している状況と思料する。この原因としては，知識の体系化・合理化（省力化）が進んで技術が成熟したこと，とりわけ核燃料開発は原子炉の改良等の開発を頂点として下流に位置することが多く，成熟した技術のアップデートの機会が他の専門領域に比べて少なかったことが考えられる。他方核燃料特有の事情として，核燃料は，原子力の核分裂エネルギーを内包するそのものの現物であり，その現実的な取扱い（現物取扱）が非常に大変であることも原因として挙げられよう。さらには，核燃料は最も基本的な製品故，その変更は原子炉全体の変更，すなわち設計・製造・許認可に直接影響を与えるため，その対応に多大な労力を要すること等も挙げられよう。

　これら核燃料特有の事情を考えた場合，人材の継続的な育成におい

て，まずは現物取扱体験・経験を基本とすること，それに基づき体系的な専門性の醸成を行うことが重要であろう．

　前者の現物取扱体験について考える．原子力自体の研究の縮小の影響を大きく受けるのは，その現物取扱のためのホットラボやホット試料取扱施設である．これらの施設は維持に多大な労力を要するのみならず，全国の施設はほぼ軒並み老朽化していることも相まって何らかの不具合を抱えているであろうこと，また一部は廃止措置中であることから，ますます現物体験の機会が減少し，核燃料人材育成が困難となる負のスパイラルの状況に陥っていると言える．この状況は国内に限ったものではなく，海外西側諸国においても概ね似たような状況である．欧州等ではこれに対応するため，EU諸国で各国が保有するインフラを相互活用し，若手や学生が研究できる仕組みの整備と運用が従前より行われてきた［9］．国内でもこれらを参考としたネットワークの構築と核燃料取扱インフラの共同利用によるアクチノイド科学研究推進のための活動（J-ACTINET）が展開されたが［10］，1F事故をきっかけとして現在は活動が中断している．なお，当時の取組は，主に高速炉や核変換システム等の新型燃料に係る研究に関連したものが多かった．

　このように核燃料物質の取扱体験については，国内，場合によっては国外も含めて関連インフラを保有する組織を連携させてハブとし，継続的な予算・支援人材等のバックアップの下，利用者である学生や若手研究者にとって魅力的な研究テーマのコーディネイト機能もセットにして，実効的なネットワーク体制を構築して対応していくやり方が今後とも合理的であろう．

　次に，上述の魅力的な研究テーマの構築という視点も踏まえながら，事故解析技術と分析技術をどのように「燃料デブリ・分析評価工学（仮称）」に取り込むかについて，核燃料工学とのアナロジーで考える．核燃料工学における命題「PIEの解析による通常時燃料ふるまい評価」に対応するものとしては「燃料デブリ分析結果の解析による，通常時から事故時まで連続した燃料ふるまい評価」となるが，この命題は，核燃料物質が空間的に

移動して分布が未知な状態であることから核燃料工学の場合と比べてもはるかに難易度が高い。このため，事故解析技術を最大限活用し，燃料デブリ分析結果を解析して事故進展の解析を行うことになる。しかしながら，事故進展解析は軽水炉事故時安全性向上への反映が主目的であり，核燃料物質そのものが事故時にどのようにふるまったかの詳細な解析の重要度は相対的に高くなかったと考えられる。1F廃炉では，取り出し等において燃料デブリの性状そのものが対象とされることから，従前の事故解析技術以上の情報・知見が要求されることになる。これら情報・知見の獲得で鍵となるのが，従前取得できなかった高精度・詳細な情報を如何に測定・分析により引き出せるか，及び測定・分析結果を解析して如何に事故進展やその結果としての燃料デブリの性状等に関する詳細かつ実効的な情報・知見を得られるかである。前者の測定・分析に関しては，例えば放射光分析でウランの化学状態が直接的に分かれば事故時炉内雰囲気のより確からしい手がかりとなり，事故進展解析の高度化につながる等が挙げられる。後者の測定・分析結果の解析高度化については，例えばCFD解析で事故時の核分裂生成物の挙動を詳細に評価できれば，放射性物質分布の高精度化につながる可能性があることや，データマイニング手法等で多量の分析結果のデータ解析からこれまでに見えなかった情報を引き出すことができれば燃料デブリのサンプリングや分析計画の合理化につながり，結果としてより高精度・高度な情報を引き出せる可能性が高まることなどが考えられる。もちろんのこと，個々の研究者・技術者は，このような分析・解析を行う際には，何のために燃料デブリの分析及び評価を行うかを把握した上で，刻々と変換する1F廃炉現場の情報をアップデートしつつ，専門領域間の連携と融合を常に意識して研究や技術開発を進めることが不可欠である。

　このような「燃料デブリ分析及び評価工学（仮称）」の確立を念頭におきつつも，実際の技術開発や研究を行う人材の確保が目下の最大の課題であろう。本件はチャレンジングであるが，最新の測定・分析技術やデータ解析技術開発等，現状の研究開発に関する最新のトレンドもすべて包含

して総動員可能なものとなる可能性を秘めている。そして最新の研究の実装先でありかつベースとなるのは，従前からのホットラボ等での現場実体験を元にした核燃料工学であり，最新科学と伝統的工学の融合が必要であることから，関連分野におけるベテランと若手の協働が重要であろう。これら協働のフレームワークを早期に体系化し，若手が意欲を以て取り組める仕組みを構築・強化することが望まれる。繰り返しとなるが，本質として絶対に忘れてはならないのが，核燃料取扱の体験・経験をする機会を十分に設けることである。この体験・経験無しに，未知の燃料デブリを対象として，装置による測定値の吟味なしに分析と解析を行うことなどにより，突拍子もない解が導き出されることも懸念されよう。労力を要する現場実作業等はできるだけ合理化・省力化して，究極的にはデジタル化等も目指していくべきではあるが，核燃料の現場実物取扱がすべての基本となることは普遍・不変であろう。

　新しい「燃料デブリ分析及び評価工学（仮称）」は，より詳細に核燃料ふるまいを解析できるものであることから，新型燃料にも適用できるものであろう。1F廃炉人材育成においては，このようなメリットもアピールすることは大事であるが，大変なこと，すなわち核燃料物質取扱実務も同時に陽に伝えなくてはならない。逆に，そのような困難でチャレンジングなことをアピールすることも，優れた人材の確保・育成には効果的かもしれない。いずれにせよ，このような両側面を理解した上で，人材育成に関して関連ステークホルダーのこれまで以上の積極的な関与と支援が望まれる。また，本分野の主体的な推進はJAEA等の中立的で工学と基礎研究をつなぐ役割が期待されている研究開発機関が適していると考えられる。その際，大学からJAEAへ研究及び人材育成・教育を連続的につなげられるように，例えば学生・教員のJAEA現場での現物取扱体験へのコミットメントを条件とした仕組みを構築していくことが重要と考える。

第2部　応用編

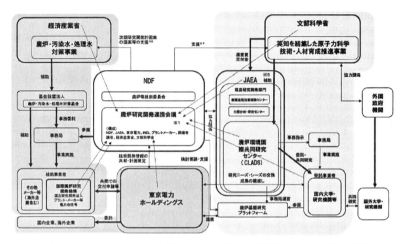

図14.6　福島第一原子力発電所の廃炉に関わる研究開発実施体制の概略
※1　廃炉研究開発連携会議は，廃炉・汚染水対策チーム会合決定によりNDFに設置。
※2　太い実線矢印は研究費・運営費等の支出（施設費除く），細い実線矢印は協力関係等，点線矢印は廃炉研究開発連携会議への参加を示す。
※3　JAEA等，一部機関は複数箇所に存在している。
※4　各機関はそれぞれMOU等に基づき外国機関との協力関係を有する。
※5　英知を結集した原子力科学技術・人材育成推進事業の補助金は，JAEAに交付されるが，わかりやすさのためCLADSに交付されるものと表現した。
※6　廃炉・汚染水・処理水対策事業は，中長期ロードマップや戦略プランにおける方針，研究開発の進捗状況を踏まえ，NDFがその次期研究開発計画の案を策定し，経済産業省が確定する。
※7　NDFは，英知を結集した原子力科学技術・人材育成事業のステアリングコミッティに構成員として参加する。

14.2.3　廃炉研究に係る人材育成

　福島第一原子力発電所の廃炉に係る研究開発は，経済産業省，文部科学省をはじめ，NDF，IRID，東京電力，メーカ，大学など，国内外の様々な機関の協力により行われている。図14.6に研究開発に係る体制の概要を示す［11］。文部科学省の英知を結集した原子力科学技術・人材育成推進事業，経産省の廃炉・汚染水・処理水対策事業を中核として，それぞれ基礎基盤研究から現場実装を目指した実用研究が様々な機関の関与の基に行われている。これらの取り組みは，1F廃炉に研究開発成果を反映させ

るだけではなく，この事業を通して人材を育成することも大きな目的の一つとなっている。

JAEA の福島研究開発部門，廃炉環境国際共同研究センター（CLADS）では，「英知を結集した原子力科学技術・人材育成推進事業」の運営を行っている[11]。本事業は，「共通基盤型原子力研究プログラム」，「課題解決型廃炉研究プログラム」，「国際協力型廃炉研究プログラム」，「研究人材育成プログラム」に分かれ，原子力の課題解決に資する基礎的・基盤的研究や産学が連携した人材育成の取組を推進する事を目的としている。国内外の英知を結集し，国内の原子力分野のみならず様々な分野の知見や経験を従前の機関や分野の壁を越え，国際共同も含めて緊密に融合・連携させることによって，福島第一原子力発電所の廃炉を始めとした原子力分野の課題解決に貢献していくことが狙いである。

英知を結集した原子力科学技術・人材育成推進事業（廃炉研究等推進事業補助金）は，2015 年に文部科学省の委託事業として開始され，2018 年から順次 JAEA を対象とした補助金事業に移行し，各プログラムが順次移管されてきた。現在に至るまで，多くの研究開発課題が採択され，成果を上げてきている。

本プログラムのうち，図14.7 に示す研究人材育成型廃炉研究プログラムは，クロスアポイントメント制度等を積極的に活用した人材流動化を図るとともに，1F 廃炉の着実な実施に向け旧来の原子力・廃炉分野に閉じない幅広い分野から必要な人材を求め，JAEA が中核となり，大学や民間企業と緊密に連携する「産学官連携ラボラトリ（以下「連携ラボ」という。）」を形成する。1F 廃炉の直面する技術課題を見極めたうえで，当該課題への対処を目指す民間企業と優れた知見を有する大学が，JAEA と連携ラボを形成し，協調・共創することで，将来の 1F 廃炉を支える研究人材層と多様な英知を結集した 1F 廃炉研究体制を構築することを目的として 2019 年度から実施された。本プログラムの特徴は，2023 年度までの 5 年間という期間の中で，人材育成にウエイトを置いた評価を実施するという特徴がある。

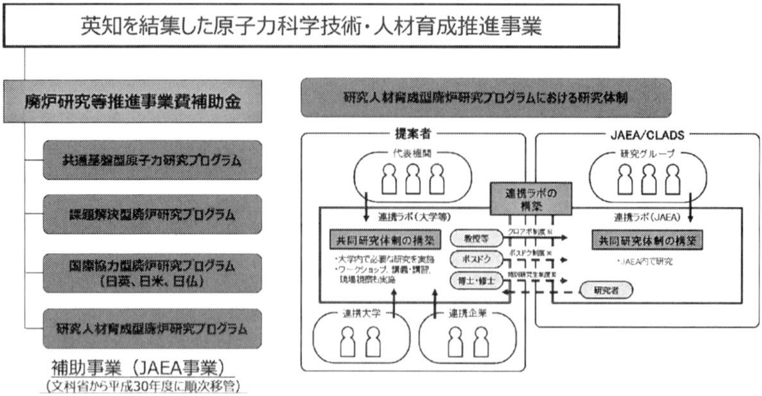

第2部　応用編

図 14.7　研究人材育成型廃炉研究プログラムの概要

また，2019年より，原子力損害賠償・廃炉試験機構（NDF），JAEAが共催で，2021年よりJAEA主催で，「廃炉人材育成研修」を実施している。[12] 本研修の目的は，以下の2点である。

・1F廃炉に新たに携わる設計者，技術者，研究者（以下，「技術者等」という。）に，1F廃炉全般に係る基礎知識を習得させること
・1F廃炉に携わる技術者等が，機器設計や作業検討などそれぞれの分野においてその専門性を発揮するにあたっては，当該分野のみならず，幅広い分野にまたがる俯瞰的な視野を持って業務に取り組むために共通して有することが望ましい1F廃炉に係る技術を習得させること

受講対象は，新入社員，入社10年以内の若手社員，または新たに1F廃炉業務に携わることとなった技術者等に加え，幅広い視野を有することが期待される1F廃炉関連業務に現に従事している技術者等としている。
カリキュラムは，有識者からなる委員会（廃炉人材育成研修検討委員会）における審議を経て，国のロードマップ[13]やNDFの戦略プラン

[11],1F事故内容や各号機の炉内状況などの「1F廃炉全般に係る基礎知識」や，燃料デブリ性状，放射性物質取扱い，遠隔操作技術などの「1F廃炉に携わる技術者等が共通的に持っていることが望ましい専門知識」を中心に講義を実施している。

一方，ロボット工学に関する研究に取り組んでいる高専生を対象に，1F廃炉への適用を想定した研究の成果を発表し，競い合い，学びあうことにより1F廃炉の人材育成に資することを目的として，「廃炉想像ロボコン：きらめく若い想像力で，廃炉ロボットの未来を切り拓こう！ Creative Robot Contest for Decommissioning」が毎年開催され，2023年で第8回を数える。福島工業高等専門学校が事務局を務め，文部科学省，JAEAのほか，多くの民間企業が協力する。大会ごとに，長期に及ぶ東京電力福島第一原子力発電所の実際の廃炉作業を想定した協議フィールドが設定される。参加校は，どんなロボットが必要かを思い描き，その課題と解決策を考え，それらを反映させたロボットを製作し，課題解決を競い合う。今後活躍を期待される世代の学生に対して，廃炉に関する興味を持ってもらうと同時に，学生の創造性・課題解決能力・課題発見能力が養われることが期待される。

次に，大学院生，学部生，高専生を対象とした学生のための国際会議「次世代イニシアティブ廃炉技術カンファレンス（Conference for R&D Initiative on Nuclear Decommissioning Technology by the Next Generation：NDEC）」が2016年から開催されている。NDECは，人材育成を目的とした学生の研究成果発表の場であり，廃止措置に関係する若者が互いに成果を発表し，切磋琢磨することで研究に対するモチベーションを高める場となることを目指している。大学の先生方などの有識者，関係者で構成される「次世代イニシアティブ廃炉技術カンファレンス（NDEC）実行委員会が主催」し，2024年には第9回の会議が予定されている。

14.2.4 基礎基盤研究における人材育成

東日本大震災以降，1F事故，廃炉に関わる研究が原子力分野全体の喫

第 2 部　応用編

緊の課題と位置付けられ，原子力の基礎基盤研究に従事していた多くの研究者が，それぞれの専門的見地から，直接的，間接的に 1F 事故に関する課題解決に携わってきた。JAEA 原子力基礎工学研究センター（事故時は，原子力基礎工学研究部門）では，センター全体を挙げて，様々な研究課題に取り組んできた。化学的視点からの研究については，前節の廃炉環境国際共同研究センター（CLADS）の行う，英知を結集した原子力科学技術・人材育成推進事業（英知事業）の中で東北大学，京都大学と連携して各種模擬デブリを系統的に合成し，その化学的安定性に関する研究で一定の成果を挙げてきた［13］。同時に，原子力科学研究所の少量核燃使用施設である第 4 研究棟に測定機器を新設，集約し，汎用の走査電子顕微鏡（SEM）やラマン分光装置など各種分光装置のほか，電子プローブマイクロアナライザー（EPMA），電子スピン共鳴装置（ESR），X 線照射装置などを整備し，核燃料の使用が可能な実験室の整備を行った。最近では，CLADS と連携し東京電力（株）より分析業務を直接受託し，1F 事故へ貢献しながら研究者の育成や技術継承を行っている。しかしながら，ここまで行ってきた各種研究課題は，今後燃料デブリの性状を把握するための推定研究や 1F 事故炉の周辺での核種分析にとどまっており，今後は，実際の燃料デブリやその取出しなど，予測できない課題への対応を求められるフェーズに移りつつあり，科学的根拠をもって課題に対応する人材の育成はますます高まってくると予想される。したがって，基礎基盤研究に求められる人材は，広い視点をもって，各人が有するさまざまな専門分野をクロスオーバーしながら課題解決につなげられる人材ということになろう。日本全体が抱える大きな課題である少子化時代においては，原子力専攻を有する大学だけでなく，様々な大学とこれまでよりも強く連携しながら，人を惹きつける魅力ある研究テーマで，分野全体を活性化していく必要がある。

第 14 章 研究教育体制と人材育成

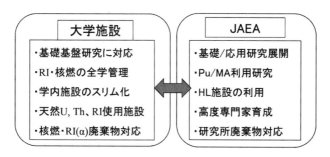

図 14.8 大学および JAEA との役割分担の模式図

14.3 研究施設の拠点化と研究展開
14.3.1 研究施設の拠点化

全国的な大学における原子力化学講座,教員の減少により,実験を行う核燃料取扱施設や RI 施設の活動も低下している。また,1F 事故以降発足した規制委員会による新規制の導入により,大学等における老朽化施設の適用性や安全管理の観点から施設の使用停止,廃止が進んでいる。燃料デブリのような核燃料物質および α 核種を含む試料を扱うには核燃および RI 両方の使用許可が必要であるが,新規施設では併用は認められず,旧施設に限定される。その旧施設でも特に許可施設では規制が厳しく維持管理が難しくなってきている。そうなると,大学においては少量核燃を使用する基礎的な実験研究を展開し,一方で Pu や MA を取り扱うことのできる拠点施設を整備,利用することが考えられる。

日本原子力学会アゴラ調査専門委員会の大学等核燃および RI 研究施設検討・提言分科会では,各大学の施設の状況と研究施設の拠点化を提案している [14]。また,最近の状況を踏まえると,大学と JAEA との役割分担について図 14.8 のようにまとめられる。大学では核燃および RI 施設の統廃合による全学管理体制とスリム化を図るとともに,少量核燃利用による基礎・基盤研究展開を図る。一方で JAEA については全国施設の拠点施設として,基礎および応用研究を展開する。特に,HL 施設において Pu

やMAなどを用いた基礎および応用研究を展開するとともに，これらの作業と通じて，高度専門家の養成へも寄与することになる。当然，大学等を含む研究所廃棄物（核燃・α廃棄物）への対応も進めることになる。

14.3.2　情報交換と研究交流

1Fに関わる廃止措置・廃炉は，産官学を含めたオールジャパンで取り組んでいかなければならない。図14.9には，産官学の関係との役割分担の模式図を示す。学にあっては大学等教育機関とJAEA等研究機関の間の共同研究等の相互協力が不可欠である。これには上記のような拠点化といった役割分担が含まれる。同時に今後の研究開発や事業実施を担当できる人材を育成することも重要である。次に，東京電力や原子力産業を含む産業界は，相互の事業協力により確実に廃止措置・廃炉に関わる研究開発や事業を実施していくことになる。さらに，官界には原子力規制委員会（原子力規制庁）と文部科学省原子力課，経済産業省原子力政策課，同資源エネルギー庁とが対応している。前者は廃止措置・廃炉に関わる安全規制を担当し，後者は東京電力が主体となって進める廃炉事業を支援してい

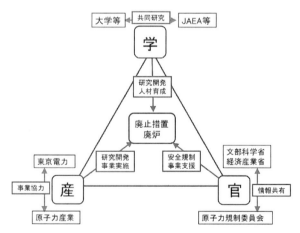

図14.9　産官学の役割分担の模式図

第14章 研究教育体制と人材育成

る。官界の縦割り行政が往々にして物事の決定，進展に影響を与えるので，ここでは，両者間の情報共有と安全かつ効果的な事業の進展を願いたい。このように1Fに関わる廃炉事業は今後数十年にわたるもので，世界でも例をみない規模（時間，作業）で進めていくことになる。持続可能産官学の実施体制，支援体制が望まれる。

［参考文献］
[1] 佐藤宗一，田中康介他，「燃料デブリ化学の現在地」，東北大学出版会，(2023)
[2] 北田孝典，「大阪大学における原子力人材育成」，原子力委員会資料，(2019)
[3] 小原敏：「東京工業大学における原子力教育」，原子力委員会資料，(2020)
[4] ANECプログラム
[5] 東北大学工学研究科，「原子炉廃止措置工学」，学生便覧 (2023)
[6] 佐藤宗一，田中康介，「燃料デブリ化学の現在地」，第5章「燃料デブリの分析」，東北大学出版会，(2023)
[7] 「軽水炉燃料のふるまい（改訂第5版）」，日本原子力安全協会，(2013)
[8] 「東京電力ホールディングス（株）福島第一原子力発電所燃料デブリ等分析について」，JAEA-Review 2020-004, (2020)
[9] S. Bourg et al., "Advanced Reprocessing Developments in Europe Status on European projects ACSEPT and ACTINET-I3", Procedia Chemistry, 7, 166–171, (2012).
[10] 湊和夫他，"J-ACTINET activities of training and education for actinide science research", Proceedings of International Conference on Toward and Over the Fukushima Daiichi Accident (GLOBAL2011) (CD-ROM) (2011)
[11] 原子力損害賠償・廃炉等支援機構，「東京電力ホールディングス㈱福島第一原子力発電所の廃炉のための技術戦略プラン2023」，(2023)
[12] https://nutec.jaea.go.jp/training_decommissioning.html
[13] 原子力損害賠償・廃炉等支援機構，「東京電力ホールディングス㈱福島第一原子力発電所の廃止措置等に向けた中長期ロードマップ，2019, 12, 27」(2019)
[14] 佐藤修彰，桐島　陽，渡邉雅之，佐々木隆之，上原章寛，武田志乃，「ウランの化学(II)－方法と実践－」，東北大学出版会 192 (2021)
[15] 日本原子力学会アゴラ調査専門委員会大学等核燃およびRI研究施設検討・提言分科会，「大学等核燃およびRI研究施設の課題と提言」，日本原子力学会誌, 64, 110-114 (2022)

【著者略歴】

佐藤修彰：
　1982年3月東北大学大学院工学研究科博士課程修了，工学博士，東北大学選鉱製錬研究所，素材工学研究所，多元物質科学研究所を経て，現在，東北大学原子炉廃止措置基盤研究センター客員教授。専門分野：原子力化学，核燃料工学，金属生産工学

亀尾　裕：
　1994年3月新潟大学工学部化学システム工学科卒業，1994年4月日本原子力研究所入所，2006年9月新潟大学博士（工学）を経て，現在，日本原子力研究開発機構原子力科学研究所バックエンド技術部次長，専門分野：廃棄物処理，廃止措置

佐藤宗一：
　1987年3月慶應義塾大学大学院理工学研究科応用化学専攻 修士課程修了，2008年11月福井工業大学 博士（工学）日本原子力研究開発機構核燃料サイクル工学研究所を経て，現在，日本原子力研究開発機構大熊分析・研究センター，専門分野：分析化学，化学工学

熊谷友多：
　2011年3月東京大学大学院工学系研究科博士課程修了，博士（工学），現在，日本原子力研究開発機構原子力基礎工学研究センター研究主幹，専門分野：原子力化学，放射線化学

佐藤智徳：
　2011年3月東北大学大学院工学研究科博士課程修了，博士（工学），現在，日本原子力研究開発機構原子力基礎工学研究センター研究副主幹，専門分野：原子炉水化学，放射線化学，腐食科学

山本正弘：

1981年大阪大学理学部理学研究科修士課程修了。1998年大阪大学工学部，博士（工学），1981年4月新日本製鉄（株）入社，1997年～2002年科学技術庁金属材料研究所派遣，2006年～2021年日本原子力研究開発機構を経て，現在東北大学原子炉廃止措置基盤研究センター客員教授。専門分野；腐食科学，防食工学，金属表面工学

渡邉　豊：

1991年3月東北大学大学院工学研究科博士課程修了，工学博士，日本学術振興会特別研究員，マサチューセッツ工科大学博士研究員を経て，現在，東北大学教授（工学研究科量子エネルギー工学専攻），原子炉廃止措置基盤研究センター・センター長．専門分野：環境強度学，腐食科学，保全工学

永井崇之：

1987年3月大阪大学大学院工学研究科博士前期課程修了，2007年9月京都大学大学院工学研究科博士後期課程修了，博士（工学），1987年4月動力炉・核燃料開発事業団入社，現在，日本原子力研究開発機構核燃料サイクル工学研究所に勤務，専門分野：腐食工学，溶融塩化学，ガラス固化

新堀雄一：

1985年3月東北大学大学院工学研究科博士課程前期2年の課程修了，1993年3月博士（工学），現在，東北大学大学院工学研究科教授。専門分野：原子力バックエンド工学，移動現象論，化学反応速度論，数理解析学

著者略歴

青木孝行：

　1979年3月埼玉大学大学院工学研究科修士課程修了，2011年7月東北大学博士（工学），1979年4月日本原子力発電㈱入社，2010年4月東北大学流体科学研究所客員教授，2014年10月東北大学大学院工学研究科特任教授を経て，現在，東北大学原子炉廃止措置基盤研究センター特任教授。専門分野：保全工学，原子力工学

逢坂正彦：

　1995年3月名古屋大学大学院工学研究科博士前期課程修了，1995年4月動力炉・核燃料開発事業団入社，2006年3月大阪大学大学院工学研究科博士課程修了博士（工学），を経て，現在，日本原子力研究開発機構・原子力科学研究所・原子力基礎工学研究センター副センター長，専門分野：核燃料工学

渡邉雅之：

　1993年3月名古屋大学大学院理学研究科博士前期課程修了，1994年4月日本原子力研究所入所，1999年8月～2000年8月スタンフォード大学化学科客員研究員，2003年3月東京大学大学院理学研究科博士課程修了博士（理学），を経て，現在，日本原子力研究開発機構・原子力科学研究所・基礎工学センターディビジョン長兼東北大学工学研究科量子エネルギー工学専攻連携教授，専門分野：放射化学，アクチノイド無機化学

小山真一：

　1988年3月岩手大学工学部応用化学科卒業，1988年4月動力炉・核燃料開発事業団入社，2007年3月　東北大学大学院工学研究科量子エネルギー工学専攻修了，博士（工学），日本原子力研究開発機構　廃炉環境国際共同研究センターを経て，現在，株式会社アセンド青森事業所長，専門分野：アクチノイド分析

索　引

※頻出項目は主な該当ページのみにとどめている。

【あ】

アクチノイド　98, 229, 233
圧力容器　i, 4, 5, 72, 141, 230
アノード溶解　69
α廃棄物　120, 121, 159, 242
安全リスク管理　204, 205
安定化処理　151-157
移行速度　100, 101
イオン化　30, 36, 37
イオン交換樹脂　26, 29, 33, 82, 143
ウラン精製　166
ウラン廃棄物　98
液体シンチレーションカウンタ（LSC）
　26-30, 224
遠隔操作　140, 183, 185, 197, 201, 239
汚染状況調査　152, 155, 159, 182
汚染評価　77, 119, 125

【か】

解体工法　139, 182, 187, 189
化学除染　80, 82, 182
化学的アプローチ　ii, 154
核燃料研究　118, 228
核燃料サイクル　7, 8, 11, 83, 217
核燃料物質　ii, 3, 12, 22, 98, 115-117,
　119, 120, 125-127, 129, 131, 149, 151-158,
　173, 175-177, 180-183, 185, 188, 218, 229,
　230, 233-235, 241
核分裂　3-6, 15, 16, 26, 232
核分裂生成物　29, 83, 98, 162, 167, 202,
　229, 234
加工施設　98, 126-131
過酷事故　i, ii, 11, 18, 55, 219
過酸化水素　20, 31, 35, 49, 52-55, 73, 75,
　86-88
加熱乾燥法　157, 158
還元溶解　83, 84
乾式除染　80, 82
含水率　157, 158
管理型処分　108
基礎基盤研究　236, 239, 240
気体廃棄物処理　167

機能維持　197-215, 219
吸湿試験　158
局部腐食　54, 55, 67, 69, 70, 75
均一腐食　67, 68, 72
グローブボックス解体　196
クリアランス（CL）　90, 97-99
経年劣化事象　208, 211
研究教育体制　217
原子炉型　5
原子炉廃止措置工学　219
孔食　54, 67-69, 73
高レベル廃棄物　ii
高レベル放射性廃棄物　ii, 10, 74, 97-99,
　178
国際規制物資　115, 116, 117, 119
固成体　16-18, 20-22, 55
混成電位　63

【さ】

再処理施設　70, 83, 85, 89-91, 104,
　161-165, 169-178, 180-182, 184-191
再臨界防止（止める機能）　200, 206
酸化物核燃料　15
酸化溶解　83-86, 92
酸溶解　80, 83, 84, 92
湿式除染　80-82
使用済燃料　7, 16, 17, 22, 83, 97, 98, 102,
　125, 161, 162, 165, 173-177, 181, 182,
　184, 185, 187
除染液　85-87, 89, 191
除染技術　85-87, 91, 139, 190
人材育成　i, ii, 199, 214, 217, 220, 228, 229,
　233, 235-240
深部性汚染　79
水素脆化　70, 71
水素発生　35, 46, 48, 49, 51, 52, 60, 61,
　64, 71
スパー　36-39, 46, 48
スミヤ法　159
製品貯蔵工程　167
製錬施設　125, 126
製錬転換施設　132, 133, 134, 135
ゼオライト　35, 49-51, 75

249

設備機器　　82, 83, 89-91, 142, 197-215
設備保全管理　　204, 207, 210
設備保全計画　　210, 213
線エネルギー付与（LET）　　37-39, 47, 52
せん断　　161, 162, 165, 171, 173, 174, 185

【た】

ターフェルの式　　63, 64
遅延係数　　100, 101
地層処分　　10, 74, 97-99, 108-111, 187, 188
チャンネルボックス　　4, 10, 16
中深度処分　　97-99, 106-109
貯蔵施設　　i, 126, 127, 129-131, 162, 168, 169, 173, 177, 179, 180
低エネルギー光子スペクトロメータ（LEPM）　　24
電気化学　　59, 60, 62, 64, 65, 80, 82
電池　　62, 69
統廃合　　118-122, 241
動力試験炉（JPDR）　　137
特性X線　　24, 29
閉じ込め機能　　201, 207, 213, 230
止める機能（再臨界防止）　　200, 206
トレンチ処分　　97, 99, 104, 105, 108

【な】

二酸化ウラン　　55, 132
燃料デブリ　　231-235
濃縮施設　　125-127, 129, 131, 132, 134

【は】

廃棄施設　　121, 126-131
廃棄体化　　12, 49, 101, 154, 177, 180, 187, 188
廃棄物区分　　97
バックエンド　　8, 10, 11, 12, 82, 125, 177, 191
ハル・エンドピース　　97, 179
微生物腐食　　71, 72
ピット処分　　97-99, 104-107, 187
非破壊測定技術　　139
冷やす機能　　200, 206
負圧管理　　207
物理的除染法　　91
プライマリーg値　　38
プルトニウム精製　　89, 166
フロントエンド　　8-11, 82, 125, 132
分析機器　　23, 24, 223-225

分析組織　　220
分離精製　　31, 165-167, 169, 171, 172, 176, 182-184, 187
放射化物　　143, 148
放射性核種　　19, 20, 21, 24, 28, 90, 139, 140, 171, 224
放射性廃棄物処理　　164, 173, 176, 179, 180, 191
放射性物質　　i, ii, 23, 46, 48, 73, 75, 77-80, 82-85, 90-92, 97-99, 106-108, 125, 141-143, 146, 148, 149, 154, 162, 167, 169, 185, 189, 191, 197, 198, 200, 201, 203-205, 207, 210, 213, 224, 229, 230, 234, 239
放射線管理　　90, 126-129, 140, 169, 170, 181-183, 188
放射線分解（ラジオリシス）　　35, 36, 38, 39, 41, 43, 45-49, 51-55, 73, 103
放射能インベントリ評価技術　　138
放射能濃度　　23, 48, 146, 148, 149, 187
保管施設　　119, 120, 121, 152, 179

【ま】

埋設　　74, 102, 104-110, 145-149, 168, 180, 188
マクロセル腐食　　69, 70, 73
MOX燃料　　4, 7, 8, 10, 15, 125, 126, 128, 129, 162, 172, 173
モニタリング　　106, 149, 170, 201, 211

【や】

溶媒回収　　89, 166

【ら】

ラジオリシス（放射線分解）　　35, 36, 38, 39, 41, 43, 45-49, 51-55, 73, 103
ラジカル　　36-39, 41, 45-48, 52, 53, 80, 82
炉心　　i, 4, 5, 11, 16, 18, 19, 98, 137-139, 201-203, 213

【A〜N】

CL（クリアランス）　　90, 97-99
ICP-MS　　14, 26, 28-30, 32, 33, 224, 225
J施設　　115-119
JPDR（動力試験炉）　　137
K施設　　115, 116, 118, 119, 121

索　引

LEPM（低エネルギー光子スペクトロメータ）
　　24
LET（線エネルギー付与）　37-39, 47, 52
LSC（液体シンチレーションカウンタ）
　　26-30, 224

【O〜Z】

RI 施設　　98, 118, 120, 121, 241
TRU 廃棄物　　98

廃止措置・廃炉化学入門

Introduction to Dismantling and Decommissioning Chemistry

© Nobuaki Sato, Yutaka Kameo, Soichi Sato, Yuta Kumagai,
Tomonori Sato, Masahiro Yamamoto, Yutaka Watanabe,
Takayuki Nagai, Yuichi Niibori, Masayuki Watanabe,
Takayuki Aoki, Masahiko Osaka, Shinichi Koyama 2024

2024年9月20日　初版第1刷発行

著　者	佐藤修彰・亀尾　裕・佐藤宗一・熊谷友多
	佐藤智徳・山本正弘・渡邉　豊・永井崇之
	新堀雄一・渡邉雅之・青木孝行・逢坂正彦
	小山真一
発行者	関内　隆
発行所	東北大学出版会
	〒980-8577　仙台市青葉区片平2-1-1
	Tel. 022-214-2777　Fax. 022-214-2778
	http://www.tups.jp　E.mail info@tups.jp
印　刷	カガワ印刷株式会社
	〒980-0821　仙台市青葉区春日町1-11
	Tel. 022-262-5551

ISBN978-4-86163-402-4　C3058

定価はカバーに表示してあります。
乱丁、落丁はおとりかえします。

|JCOPY|〈出版者著作権管理機構 委託出版物〉

本書(誌)の無断複製は著作権法上での例外を除き禁じられています。複製される場合は、そのつど事前に、出版者著作権管理機構(電話 03-5244-5088、FAX 03-5244-5089、e-mail: info@jcopy.or.jp)の許諾を得てください。